三無世代

世代

コロナ後に生き残る会社　食える仕事　稼げる働き方

無移動、無需求、無雇用，
弱肉強食加速下的未來工作

遠藤 功——著　李貞慧——譯

目錄

前言
化新冠風暴為新冠轉機

　　近年來我常聽大企業經營者提到 VUCA 這個詞彙。

　　所謂 VUCA，就是由易變性（Volatility）、不確定性（Uncertainty）、複雜性（Complexity）、模糊性（Ambiguity）這四個英文字的第一個字母組成的簡稱，用來表示前景不明、不穩定、不透明的環境。

　　多數經理人以為已經理解 VUCA 所代表的全新且混沌不明的環境，並已做好準備。但事實證明

我們實在太天真。老天爺給了我們一個教訓，讓我們知道其實 VUCA 指的是發生完全超乎人類認知的狀況。不到半年的時間源自中國的新冠肺炎肆虐全球，導致經濟和社會活動停擺，嚴重影響每個人的生活。

新冠衝擊既深且廣

過去我們享盡相連與合而為一的恩惠，現在則日夜擔憂其背後不斷擴大的感染風險、病毒不斷變種、疫苗真偽等，深陷恐懼之中。

截至 2021 年 1 月 20 日全球累計確診人數已超過 9,620 萬人，累計死亡人數已突破 200 萬人。其中美國是全球確診人數最多的國家，更有超過 42 萬人死亡，占全球死亡人數的四分之一。

目前德國與英國都出現了新變種病毒，印度、巴西確診人數不斷創新高，美洲、歐洲、亞洲都進

入了第三波疫情……與起初多數公衛學者、經濟學家樂觀的預期相違背，新冠肺炎在全球延燒超過一年卻完全不見緩和的跡象。我們必須有所覺悟，疫情全球大流行（Pandemic）的衝擊難以想像地大而且持久。

　　全球許多國家因新冠肺炎爆發，導致企業破產、失業人數激增、自殺人數增加、糧食問題日趨嚴重等，對經濟、社會都產生強烈的衝擊，影響了每個人的生活，無論個人或企業，都很難預測接下來會發生什麼事。

動盪、高度不確定的改變起點

　　經濟衝擊導致社會動盪不安，2020 年在美國則發生白人警官暴力執法，導致一名黑人男性死亡，全美抗議人士走上街頭，部分抗議人士成為暴徒放火並搶奪的佛洛伊德事件。

有些專家學者認為這個事件發生的主因，正是因為黑人等少數民族的新冠肺炎死亡率偏高且大量失業等，因而累積大量不安與不滿的情緒，全球各地都出現了抗議種族歧視的遊行。

各種問題就像骨牌連鎖效應一樣，全球性新冠大蕭條發生的可能性愈來愈高。這也是千載難逢脫離緩慢衰退的機會。

新冠危機其實是新冠奇蹟

很多人試圖預測新冠疫情後的全球樣貌，但現在還有太多的不確定因素，很難有個定向。由此也可窺見新冠疫情衝擊有多深遠、多複雜。但某種程度我們仍能解讀新冠疫情後確實會出現的變化。

如果不能先預知這些變化，制敵機先，我們可能會被新冠疫情掀起的大浪淹沒。

首先，全球經濟將大幅衰退。這也是我們正

在經歷的狀態。相較於疫情爆發前，隨著新冠肺炎確診和死亡人數增加，全球各大股市崩塌，根據英國廣播公司（BCC）報導，受疫情衝擊，富時（FTSE）、道瓊斯工業平均指數（DJIA）和日經指數（Nikkei）均出現大幅下跌；道瓊斯工業平均指數和富時指數在 2020 年前三個月，甚至出現自 1987 年以來最大的季度跌幅。

雖然自 2020 年第二季之後，各國經濟因地區性的疫情緩和而有部分回升，經濟合作發展組織（OECD）儘管在 2020 年末上修了 2021 年的經濟成長預測，但在 2021 年一月因北半球疫情復熾、各國重啟地區封鎖政策，再次調降 2021 年的成長預測。

在如此不確定的狀態下，所有企業首先必須配合經濟衰退進行瘦身。甚至為了生存下去，有些企業必須全盤檢視既有資源，重新分配。

　　全球市場因疫情變化加劇，多數人對於未來充滿不安、焦慮，甚至感到悲觀，不過，我認為新冠風暴對我們來說不全然只有壞消息。

　　拜新冠病毒所賜，以下列出最明顯的三大正面影響。

一、空汙大幅銳減

　　新型冠狀病毒疫情影響全球生產和旅行之際，一些城市和地區的空氣汙染和溫室氣體排放水平顯著下降。紐約的研究人員告訴 BBC，他們的初步研究結果顯示，與 2019 年相比，2020 年主要來自汽車的一氧化碳排放減少了近 50％。造成全球氣溫上升的二氧化碳 CO^2 的排放也急劇下降。

二、智慧醫療快速發展

　　隨著疫情爆發，各國政府都在找尋積極的解決

對策,希望在最短時間內控制住疫情。也有許多
國家開始與民間企業合作,運用科技的途徑管控
病毒。

如 2020 年 10 月底,亞馬遜(Amazon)旗下的
亞馬遜雲端運算服務(Amazon Web Service, AWS)
推出能模擬預測疫情發展的 AI 模型及資料庫,協
助政府與專家精準應對病毒。當時根據模擬結果,
就準確預測出美國將在三個月內出現第二波疫情高
峰;法國則正進入第二波高峰,且染疫人數將超越
前一波疫情。

除此之外,因為疫情影響愈來愈多人若不是必
要狀況,會盡可能避免到醫院就醫,因此在健康監
控、遠端智慧醫療方面需求增加,也促使這個領域
的技術快速發展。如美國批准全球首款人工智慧
(AI)檢測系統 IDx-DR,透過手動將視網膜相機
Topcon NW400 拍攝出來的眼底圖片上傳到雲端系

統 IDx-DR，結合 AI 演算法可提供醫生簡易的檢測結果，用於檢測糖尿病患者視網膜病變情況；德國製藥及化工跨國集團拜耳（Bayer）支持三家韓國數位健康創新公司，開發物聯網傳感器、早期癌症診斷的分析試劑與智慧型手機內置相機測量血壓等技術。

三、新的生活模式

　　受到疫情衝擊，不只行動受限，消費行為也跟著轉變，像是利用行動支付減少現金使用、影音串流平台取代外出看電影、線上遊戲取代外出旅遊，甚至連展覽和演唱會都直接於線上舉辦。宅經濟發威的影響下，能夠提供民眾在家完成食衣住行育樂的產業，統統成了疫情間的最大受惠者。

　　與其要沉不沉要浮不浮，一直在水中掙扎，不如置之死地而後生，反而可望有更強勁的反彈力

道。這是我的期待。

趁著這個趨勢，全球發展經歷這波衝擊後，將出現前所未有的成長幅度。

專業導向的知識型工作者主導的新世界

而且這種能力不只可讓日本企業找回競爭力，重振業績。

與其討論新冠風暴對經濟的影響，我反倒認為危機就是轉機。這是大幅改變傳統的價值觀和工作方式，讓各國真正富裕起來。

新冠風暴為商業社會揭開專家時代的序幕。捨己為公、只能聽命行事的上班族將被市場淘汰，進入具備高度專業的專家將大放異彩的世代。

隨著市場高度變化，競爭雖然會因此更為激烈，但個人若能強化自己的專業，進化為知識型工作，就很有機會在現在的職場找到自己的獨特的市

場價值。

加薪不再依賴升遷，全新的工作型態來了

　　而從工作方式的角度來看，新冠風暴也揭開了三無世代的序幕。

　　除了無移動、無需求、無雇用的三無現象，工作上也進入「無的時代」，如無紙化、無印章，無通勤、無出差、無加班、無面對面，甚至是無調職等新工作方式，未來將愈來愈普及。

　　因為這些新變化改善了超時工作、制度僵化的問題，我們終於更專注於個人成長與發展。這麼一來，除了經濟富裕外，也有更多時間追求心靈富足。

　　工作者與企業的關係也將進入全新世代，工作者不再依附於企業，而是提供專業與企業合作，透過企業連結更多資源，換言之，進入一間公司做到

退休的工作規劃將走入歷史，而打破了工時與工作地點的限制後，個人與企業都能更彈性的調配資源與時間，將產能與創造力最大化。

新冠肺炎這艘看不可見的黑船，可望成為這個國家重生的重要契機。我們必須靠自己的雙手，化新冠風暴為新冠奇蹟。

本書試圖從企業經營、工作型態與個人成長三個層面的觀察，展望三無世代的新世界。

第 **1** 章

後疫情的新世界

1

三無世代來了

新冠風暴的衝擊早已超越 2008 年的金融風暴，有人甚至認為衝擊之大，幾乎可以和 1930 年代因華爾街股市崩盤帶來的經濟大蕭條相提並論。

全球經濟損失將超過 12.5 兆美元

沒有國家和產業可以免於衝擊。除了極有限的部分產業外，幾乎所有產業都已遭遇沉重打擊。目前受到較大衝擊的產業是航空、鐵路、計程車等交通相關產業、飯店旅館等觀光業界、餐飲業、娛樂產業等，但今後衝擊勢必擴大至製造業、不動產等，幾乎各行各業都難以置身事外。

各國損失金額更是大到難以估計。根據國際貨幣基金（IMF），2020 年 6 月 24 日公布的全球經濟展望，2020 年與 2021 年兩年全球將出現 12.5 兆美元，超過 1,300 兆日圓的經濟損失[1]（約新台幣

1 《日本經濟新聞》2020 年 6 月 25 日。

351 兆元）。

　　同年 4 月公布的預估數據還只有 9 兆美元，不過兩個多月就膨脹 1.5 倍。而且這個數字指的還不過是個人所得的流量。衝擊直接影響實體經濟的所得，而不限於富裕階層持有的金融資產，因此不得不說影響巨大。

　　根據 IMF 2020 年對各國 GDP 的預測，美國將減少 8.0％。和美國一樣受嚴重影響的義大利和西班牙，預估都將減少 12.8％。日本預估也將減少 5.8％（圖表 1）。無論哪一個國家，都遠比 4 月預測值更為惡化，縱使 10 月後因疫苗開發成功，IMF 調高部分地區的 GDP 預測，但由於病毒變異等不確定性，想回到過去安定的生活，勢必還有需要努力的空間。

　　日生基礎研究所的試算則顯示，日本國內最終家庭消費支出至少將蒸發掉約 15 兆日圓。

圖表 1　IMF 全球主要國家 GDP 預測

	全球	美國	英國	歐洲	義大利	西班牙	日本	中國
2009 年	-0.1	-2.5	-4.2	-4.5	-5.3	-3.8	-5.4	9.4
2019 年	2.9	2.3	1.4	1.2	0.3	2	0.7	6.1
2020 年	-3.5	-2.5	-9.9	-6.8	-8.8	-11	-4.8	2.3
2021 年（預估）	5.5	5.1	5.9	4.2	4.7	7.2	3.1	8.1

經濟大停滯、能源價格暴跌，
經濟大蕭條將至？

　　更糟糕的是目前還看不到疫情衝擊的出口。就算已順利開發出疫苗等藥物，也還不能確定能有效阻止新冠病毒蔓延。即使未來疫情終於獲得控制，也不代表衝擊就此落幕，重傷的經濟勢必需要相當長的時間才能復原。

在 2008 年金融風暴後中國、印度等新興國家
經濟勃興發展，這些國家也逐漸成為全球經濟的發
展重點，但在新冠肺炎爆發後，全球經濟發展頓失
方向，陷入大停滯。

不只如此，能源價格出現前所未見的暴跌。受
到疫情衝擊，原油需求大減，原油價格甚至出現負
數，創下空前絕後的紀錄。

只要冷靜並客觀地看待目前的全球情勢，實在
樂觀不起來，無可避免的經濟大蕭條，眼看就要到
來。

從移動蒸發開始

沒有任何前兆，新冠疫情幾乎讓所有經濟活動
蒸發，最早始於移動蒸發。為阻絕疫情擴散許多國
家發出緊急行政命令禁止人民移動，就連國內的跨
縣市移動都幾乎全面中止，更別提跨國移動。各國

紛紛封鎖國界，移動帶來的經濟動能也隨之消失。

　　根據日本國土交通省的航空運輸統計，2020
年 3 月國際航線利用人數比去年同月減少約 47 萬
人，相當於減少 77.3％，國內航線利用人數比去年
同月減少約 434 萬人，相當於減少 53.6％。4 月以
後狀況更為嚴峻，4 月訪日觀光客僅 2,900 人，比
去年同月減少 99.9％，幾乎歸零。

　　這現象不僅限於日本，移動蒸發也導致全美第
二大租車公司赫茲（Hertz Global Holdings Inc.）於
5 月宣告破產，原因是外出、移動限制導致租車預
約遭大量取消[2]。

移動蒸發導至需求蒸發

　　移動蒸發引起了需求蒸發，受影響最大的就是
觀光產業以及相關零售業。原本受惠於絡繹不絕的

2　《日本經濟新聞》2020 年 5 月 23 日。

訪日觀光客需求，業績蒸蒸日上的百貨公司就受到疫情影響營收銳減。日本 2020 年 3 月百貨公司營收比去年同月減少 33.4％，4 月更大減 72.8％[3]。

　　當所有人避不出門又沒有外國觀光客光顧，外食產業更是直接受到影響，日本知名餐飲集團和民（Watami）決定關閉 65 家店，相當於總店數的 13％，並認列 19 億日圓[4] 的減損損失。

　　全日本共有 713 家分店的連鎖家庭式餐廳品牌 Joyful 也宣布從 2020 年 7 月起，將依序關閉 200 家店，相當於總店數約三成。4 月及 5 月的營收都只有去年同月的一半[5]。

　　疫情對跨國企業的衝擊更是難以想像。全球最大服飾集團，旗下擁有 ZARA 等品牌的西班牙印

3　《朝日新聞》2020 年 5 月 23 日。

4　《日本經濟新聞》2020 年 5 月 28 日。

5　《日本經濟新聞》2020 年 6 月 8 日。

地紡集團（Inditex），也宣布將關閉最多 1,200 家門市，相當於總店數 16% 的計畫[6]。連號稱是快時尚勝利組的印地紡集團，2020 年 2 月至 4 月都面臨大幅度的虧損，不得不大量關店。

需求蒸發造成雇用蒸發，全球無一倖免

而需求蒸發自然而然地會引起雇用蒸發。

在美國受到疫情衝擊就業機會大減，2020 年 5 月美國失業率達 20%，已和 1930 年代的經濟大蕭條（約 25%）相去不遠，至同年底美國失業救濟申請人數甚至近百萬人，這也正是前美國總統川普積極重啟經濟活動的主要原因。

歐洲的狀況也好不到哪裡去，負責歐盟（EU）行政的歐洲委員會甚至表示，歐盟內 2,700

---

6 《日本經濟新聞》2020 年 6 月 12 日。

萬的觀光業從業人口，可能有 600 萬人失業。這也相當於每五人就有一人可能丟工作[7]。

　　根據日本廣播協會（NHK）的報導則指出中國有 2 億人因新冠疫情而失業。

　　日本厚生勞動省 2020 年 5 月 29 日公布的 4 月雇用統計顯示，4 月無薪假人數創新高，達 597 萬人。這些人也成為日本潛在的失業人口。在同年 7 月 1 日更進一步表示，日本因新冠疫情而失業的人數達三萬人。約一個月就增加一萬人，雇用狀況惡化已無法踩煞車。

　　而這些還不是最糟糕的。日本野村總合研究所統計的日本總人口失業率試算結果顯示，如疫情持續延燒超過一年，隨著移動限制拉長，日本將新增222 萬失業人口。

7　《朝日新聞》2020 年 5 月 28 日（晚報）。

　　如果出現第二波、甚至第三波疫情，移動限制極可能在解封和封鎖之間搖擺而長期化。如果真的有這麼多人失業，日本失業率將高達 5.6％，超過金融風暴時的 5.1％。

　　而至今沒有人能明確地斷言，這個由移動蒸發而起，連帶導致需求蒸發與雇用蒸發的三無現象將持續多久，能確定的是，它已經大大影響了我們的工作與生活。

2

疫情讓全球慢下來，
反加速顛覆與創新

隨著新冠風暴衝擊，經濟活動大幅萎縮。每個國家都試圖重啟經濟活動，但復甦步調極為緩慢。

前景不明無法有樂觀願景，人們自然會謹慎消費與投資。

以過去業績的七成為營業目標

日本政府的月例經濟報告每月提供一次官方景氣判斷，2020 年 4 月報告指出急速惡化，處於極嚴峻的狀況，顯示景氣不容樂觀。之後 5 月也未改變看法，持續急速惡化中，處於極嚴峻的狀況。

內閣府統計則指出，2020 年 1 月至 3 月上市公司的經常利益較去年同期減少 60.3%。日本國內外需求蒸發，不論製造業或非製造業，今後仍將面

臨嚴峻挑戰[8]。

　　因為政府積極重啟經濟活動，需求也開始慢慢恢復。但根據目前的數據來看，短期內需求不可能恢復到從前的水準。能恢復七成就該偷笑了。因此在制定目標上，企業以過去成績的 70% 作為營收目標較合理。

　　換言之，現今企業必須在負和（Minus Sum）而非零和（Zero Sum）遊戲中求生存。

「瘦身」成為企業必須

　　經濟大幅萎縮，大多數企業也必須配合經濟規模瘦身。舉例來說，日產汽車（NISSAN）已宣布將減少產能為 540 萬台車。2018 年產能為 720 萬台，這也表示該公司將減少四分之一的產能。

8　《日本經濟新聞》2020 年 5 月 29 日。

　　但這與其說是疫情造成的問題，反倒像被疫情推了一把，加速企業革新。

　　新冠疫情爆發前日產汽車就已因業績不佳，開始推動結構改革。

　　2019 年 7 月宣布調降產能至 660 萬台，但因新冠疫情爆發，決定再進一步調降 120 萬台。[9]

　　日產汽車的聯盟夥伴法國雷諾汽車也宣布將裁員 15,000 人左右，相當全球員工約 8％。為了重振經營，甚至大膽推行 20 億歐元（約新台幣 680 億元）的成本減降計畫[10]。

宅經濟當道，保健食品成硬需

　　當然也有企業因禍得福。例如減少外出帶動的宅經濟，讓電玩產業的銷售成績大幅成長，最知名

9　《朝日新聞》2020 年 5 月 23 日。
10《朝日新聞》2020 年 5 月 30 日。

的例子就是任天堂家用遊戲機 Switch 到處缺貨。

明明已經是上市三年的機種，2019 年度 Switch 主機銷量仍創歷史新高。2020 年 3 月 20 日任天堂推出的遊戲軟體「集合啦！動物森友會」，才 12 天就在全球熱銷 1,177 萬盒。

另一方面，宅配需求反而因為移動限制而激增。日本大和運輸在 2020 年 4 月宅急便運送貨物量，比去年同期成長 13.2%，3 月日本郵局（JP）包裹運送量也成長 16.4%，雙雙寫下二位數成長的紀錄。

為了減少外出風險，網購變得更為普及，甚至滲透到過去不習慣使用的消費客層，消費者行為出現明顯變化。

此外，食品銷售也居高不下。例如明治控股公

11《日本經濟新聞》2020 年 5 月 23 日。

司 2020 年度合併淨利，比去年度成長 3％，達 695
億日圓，創歷史新高。其中受到疫情影響，健康意
識高漲，機能性優格等商品熱銷的結果[11]。

　　除了宅居需求和食品以外，新冠疫情也帶來了
全新商機。治療藥物、檢查藥劑、疫苗等醫藥領域
外，衛生居家遠距工作線上化非接觸監控數據等關
鍵字，潛藏著孕育新需求的可能性。

　　縱使出現這麼多新興產業，甚至前所未見的商
業模式。然而整體來看，受惠於新冠特需的企業仍
是少數，無法填補蒸發的巨大需求缺口。

併購、壟斷反而能救產業

　　換個角度來看，新冠疫情帶來的經濟和商業萎
縮，重創全球經濟，也帶來前所未有的顛覆，促使
全球商業市場加速翻轉、新生。

　　這樣的翻轉與新生不只表現在個別企業的瘦

身、改組上，也同步加速業界重整。過去的人類歷史已經證明當面臨重大經濟危機時，併購（M&A）增加、壟斷都是必然的結果。

雖然大家一聽到併購就會產生負面的聯想，但財力健全的公司併購面臨經營危機的公司，以避免公司破產，並能確保工作者的職務，從這個角度來看，併購是具有經濟合理性的策略行動。

你也成為在溫水中認真求生的青蛙了？

不光是企業，適應力也是個人存活的關鍵。

勝利組和敗犬組的差距可望比過去更為明顯，差別愈來愈大。

日本保險集團 SOMPO 控股公司執行長，同時也是經濟同友會代表幹事櫻田謙悟從疫情爆發前，就不只一次提出他的觀察，現在有愈來愈多人

變成一隻在溫水中認真求生的青蛙[12]。

　　明明考上頂尖大學、進入名牌企業就能安穩過一生的人生勝利模式早已不存在，但很多人仍對這種模式抱著幻想。這就是所謂「溫水煮青蛙現象」。對於錯誤的事毫不存疑，相信自己朝著正確的方向前進，每天努力認真工作，所以我稱之為「在溫水中認真求生的青蛙現象」。我認為日本企業的慘敗史，追根究底就是因為有這種錯誤的現實認知。

不改變，就淘汰

　　透過新冠疫情的當頭棒喝，有愈來愈多企業主意識到「不徹底改變，就只能等著被消滅」，因此經營者紛紛提出求新求變的策略，以因應後疫情時

---

12 小林嘉光監修，經濟同友會著（2019）《缺乏危機意識的溫水煮青蛙──日本》中央公論新社。

代的商業環境。

　　那麼員工呢？若還沒有發現這波轉變，死守著過去的工作模式，最後終將與時代一起走入歷史，失去在新時代存活的能力。因此，掌握後疫情時代的經濟變遷，就成為工作者能否在三無世代生存，甚至躍進的關鍵。

3

緊急狀況將成為常態

　　商業活動一直與大環境息息相關。新冠疫情為
日本經濟和日本企業所處的環境，帶來驚濤駭浪的
變化。

　　我們沒有本錢害怕變化，猶豫不前。

　　不論是企業還是個人，都必須正確理解新冠風
暴帶來的變化本質，認真思考如何才能存活下去。

　　企業所處的環境可以用經濟成長率和環境安定
性這二軸來分析。

　　我們用這二軸來回顧昭和（1926 年至 1989
年）、平成（1989 年至 2019 年）以及現今的令和
（2019 至今年）時代潮流（圖表 2）。

戰後經濟持續高成長，打造安定時代

　　昭和時代是高度成長時代，也是相對安定的環
境。

　　當時全球從二戰後積極復興，日本也跟著這波

圖表 2　企業所處環境的變化

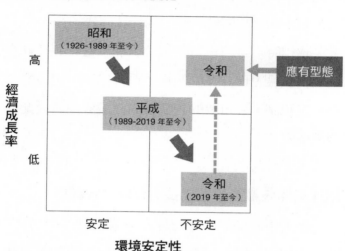

潮流，從戰後的混亂重新壯大，終於擺脫了戰敗的
陰影，經濟持續不斷地成長。在戰後接二連三的創
造新的經濟發展高峰神武景氣、岩戶景氣、奧運景
氣、伊奘諾景氣……榮景連連。

　　在 1958 年至 1973 年的 15 年間，日本平均經

濟成長率高達 9.5%，景氣好到當年度的經濟成長率若有 10% 是理所當然，5% 就算不景氣。

昭和時代雖然也有公害和石油危機等各種社會問題和風險，但許多問題都是單獨出現，也只發生在特定範圍。最重要的是持續的高度成長，因此保證社會安定。

泡沫經濟破滅後的低成長，打破安定社會

進入平成後，經濟成長大踩煞車。

1993 年因泡沫經濟破滅寫下戰後第二次負成長紀錄，到 2017 年為止的 24 年間，日本平均經濟成長率只有 1%，甚至還有五年是負成長。

這段期間還發生了大規模的天災，如 1995 年的阪神大地震，及 2011 年的三一一大地震。

在社會層面上，人口減少、高齡化、少子化等社會問題，正一點一滴地蠶食國家的安定性。

　　再加上全球化的進展，讓國際衝突與恐怖攻擊風險加劇，如 IS 等恐怖攻擊和北朝鮮問題等，也對日本帶來很大的影響。

新冠肺炎揭開低成長、不安定的長期序幕

　　經過被稱為失落的 30 年的平成時代，現在終於迎來了全新的令和時代，卻突然爆發新冠風暴。

　　原本靠著朝持續成長的美國和新興國家轉型、在觀光立國的大旗下發掘訪日觀光客需求等措施，好不容易才有小幅成長的局面，在疫情爆發後皆毀於一旦。再加上企業破產、失業率攀升、自殺人數增加等引發貧困問題，社會愈來愈動盪，難以維持過往的穩定。

　　根據野村總合研究所的試算，2020 年 4 月至 9 月日本的 GDP 將減少 47 兆日圓。即使政府全面解除緊急事態宣言，個人消費預估也只能恢復一

半。甚至有人指出失業率可能高達 6.9% 左右。這
些都再次證明，疫情將我們推入低成長、不安定的
深淵。

顛覆低產出、持續衰退的最佳機會

現在回顧號稱失落的 30 年的平成時代，我認
為日本社會其實在默認緩慢衰退。

雖然不斷有人大聲疾呼「醒來吧！不改變不行
了」，試圖喚起大家的危機意識，但我們並未真心
想改變，心裡某個角落或許還有僥倖的想法，不需
要勉強改變只要跟過去一樣，一定會有辦法的。

近幾十年來不斷有人指出日本生產力低落，討
論並採取對策，可是我們並不是真心想提高生產
力。

但現在因為新冠風暴，所有活動停擺，不只是
日本，連全球經濟都嚴重衰退，我們已經被逼到必

須強迫改變的絕境了。

　　改革一定伴隨著大量損失和痛苦，也一定有龐大的反對勢力。但把眼光放遠，我認為改革絕對比持續緩慢衰退更好。

　　而且人類歷史也證明了危機、異常事態，正是全新架構和全新模式誕生的契機。

不合時宜的工作型態即將翻轉

　　事實上 1929 年開始的全球經濟大蕭條，催生出每週 40 小時的工作時間、最低薪資、禁止童工、工作分攤等持續至今的工作樣態。

　　現在正是我們必須覺醒的時候了。

　　第二章以後將由企業工作工作方式的觀點來思考對策。

三無世代
企業強盛關鍵

1

最壞的時代，
最佳的翻轉機會

在疫情之後，我們迎來無移動、無需求、無雇用的三無時代，這樣的影響造成市場資源愈來愈傾向贏家全拿的趨勢，強化了商場弱肉強食的特質。不過，危機就是轉機，若企業能把握關鍵策略，不只能挺過這波衝擊，還能成為獨占市場的贏家。

三無時代企業強盛關鍵——SPGH 策略

雖然全球發展局勢進入低成長、不安定的階段，但企業仍能順勢而為，透過「SPGH 策略」運用新冠危機創造出的新市場，化危機為發展契機。

一、求生戰略（Survival）

無論如何我們都必須挺過眼前嚴峻的狀況，所以當務之急就是要「活下來」。為了挺過當前的風暴，必須做好最壞的打算，以維持過去七成的營業

額為目標，制定短期積進策略並果斷執行。

　　同時，這也正是重新審視資源分配的絕佳機會，各企業可以藉此重新盤點手中資源，以度過當前危機為目標彈性重新配置，其中面對高度不安定的局勢，保留一部分的彈性是能否度過這波疫情的關鍵。

二、生產力戰略（Productivity）

　　如果要說新冠之禍這項大災難有什麼好處，應該就是它讓人們正視到遠距和非接觸的可能性，並促使許多尚未進入數位轉型的企業加快腳步，透過數位工具輔助，有效大幅削減不必要的流程，實踐無紙化、遠距工作等目標，不只幫助員工工作更有效率，也大大提升組織生產力，更使得企業資源多了彈性運用的空間。

三、成長戰略（Growth）

雖然目前還看不到疫情的盡頭，但也不用太悲觀，展望未來全球經濟還是非常值得期待的。俗話說：「有破壞才有建設」經過新冠疫情的衝擊後，我們必然能在新環境下，勇敢挑戰新的可能性如自駕車的開發與成熟、5G 技術的應用與普及等。

據資誠聯合會計師事務所（PwC）的《2050年的世界》（*The World in 2050*）報告指出，未來數十年世界經濟仍然會繼續成長，至 2050 年全球市場預估將是現在的兩倍。甚至大多數的經濟學家都同意一個觀點：今日的新興國家將成為明日的經濟強權。

四、人才戰略（Human Resource）

成功的經營者都明白，「人」是企業成長的根基，若企業要重生，勢必得重新檢討人才戰略。首

要之務就是長年累積的人事制度弊病，例如不透明的升遷制度、不平等的人事考核還有最近漸漸受到重視的職場霸凌、性騷擾問題等，建立讓員工可以專注工作、發揮所長的環境。

　　取此四大經營戰略的第一個英文字母，我把這四大經營策略命名為「SPGH 策略」，以這四大策略為核心，無論大企業或事小組織，都能透 SPGH 策略找出自己在後疫情時代站穩腳步的方法。

2

減法經營，強化守備

雖然疫情延燒超過一年，但新冠風暴真正的衝擊才正要開始。為了降低損害到最小程度，重要的是要確實強化守備。在高度不確定的狀態下，非常倚賴經營者的風險管理能力，若在此時還大膽冒進、放手一搏，風險都會相對提高，也更容易使企業經營走入險境。愈是不安定的環境，愈要腳踏實地經營，這是千古不變的真理。

降低損害，就能勝出

何謂腳踏實地的經營？簡單來說就是重視現金流並減少浪費和費用，只投資真正必要的項目，至少在疫情明朗化之前，都必須謹慎以對，強化守備。

不過，這絕對不是要你一味節制、大幅裁撤人力、讓員工一個人做三個人的工作。所謂強化守備，指的是要建立堅固的橋頭堡，因此更應該從根

基開始檢討，也就是制度、固定成本這種過去不太可能大幅調整的項目。

在強化守備上，也有三個大原則。以下將分三小節詳細說明。

一、人事：人員合理化（Down Sizing）

90 年代泡沫經濟破滅後，日本企業一直苦於三大過剩，亦即設備過剩雇用過剩債務過剩。大多數日本企業在 1990 年代到 2000 年代初期，忍痛祭出裁員措施，努力消除三大過剩。因此許多企業打造出良好體質，即使面臨石油危機等外在衝擊，也能平安度過危機。

重視現金流量的健全經營結果，現今設備過剩債務過剩可說已極為少見。然而雇用過剩現今仍是多數企業的一大痛點。

別讓「資深」稀釋人才密度

新冠之禍發生前我和某大企業經營者一起用餐，他表示雖然天天都在喊人手不足、人力不夠，但深入了解後才發現，不包含分公司在內，光總公司裡就有三成冗員。

其實，近年來日本企業因「不工作大叔」的問題頭痛不已。所謂「不工作大叔」指的就是每天到公司上班，卻不做事到處閒晃的中高年齡層員工。

明明人手不足喊得震天作響，公司內部卻有一定比率的人無事可做、不做事。而且不做事的中高年齡層員工薪水都很高。明明不做事，薪水卻比年輕人還高。

這樣的結果導致年輕人工作意願下滑，職場氛圍不佳。

配合船隻大小決定額定人數

新冠風暴後人員過剩的現象更為明顯。

船隻大小突然縮水三成，如果額定人數不變，這艘船一定會沉沒。所以已經沒有時間讓我們猶豫怎麼不傷害感情地調整人力。

在人事流動率低、強調以人為本的企業推動人員合理化，阻力一定很大，但正因為發生了新冠疫情這種異常事態，反倒成為著手改革的良機。如三井住友 FG 總公司就裁撤了三成人力。該公司管理人數約為 15,000 人。減降三成就表示要裁員 4,500 人左右[13]，換算下來節省的成本就非常可觀。

人事成本一直都是經營者感到很頭痛的問題，一方面也希望以高薪延攬人才，另一方面又擔心人事成本過高造成經營壓力。

13《日本經濟新聞》2020 年 5 月 17 日。

　　現在的確是檢視整體人力配置的最佳時機，例如以優退制度縮減非必要的人力、重新檢視薪資級距，給予員工合理的薪資、透過企業內訓或提供學習機會，優化人力配置等，發揮組織中每個人的最大價值。

二、成本：瘦身成主流，化固定為變動

　　受新冠疫情衝擊最大的業界就是高固定費用產業。那些需大規模設備投資的產業，或養許多人的勞力密集產業，這些產業一旦面臨經濟活動停擺，稼動率銳減，就很難撐下去。像是航空、鐵路、鋼鐵等產業，都因此陷入前所未見的困境。

　　即使新冠疫情告終，也很可能會有其他病毒再次肆虐全球。因此，需求蒸發帶來的衝擊，可能徹底改變高固定費用產業的存在型態。

　　不光是高固定費用產業，企業經營者都必須著

手壓縮固定費用。這次的新冠風暴讓大家痛定思痛，發現瘦身經營才是最佳避險對策。

　　壓縮固定費用的手段之一，就是讓固定成本化為變動費用化。

　　以人事費用為例，應該會有愈來愈多企業由以正職員工為主，轉換成約聘員工等期間限定的雇用型態。負責每日事業營運的核心人才還是正職員工，但專業取勝的人才和專家等，則以約聘方式聘僱，這是今後的人才戰略主軸之一。

　　與其養員工，不如在必要時候活用一定期間的必要人才，這樣對公司來說最具經濟合理性。

外包非核心業務，活化企業總部的維護費

　　要推動固定成本費用化的項目不只有人事費用。企業更應該重新檢視業務，找出應由公司內部執行的業務，把非核心業務全部外包，大刀闊斧地

調整工作內容。

　　再者還可以和其他公司共用設備或辦公室等，重新檢討自備的想法，儘可能地瘦身，這也是現在企業必須做的事。

　　巧妙活用外部資源，保持身輕如燕與彈性，是三無世代的基本戰略。今後如果進一步推動遠距工作，也就沒必要在東京都都心最高級地段養一間氣派的大辦公室了。象徵權威、大而華麗的企業總部也會在這波浪潮中漸漸消失。

三、獲利：掌握顧客變化，機動應對

　　強化守備不僅要改變過去的成本結構，能留住現有顧客，不錯失眼前的商機確實獲利，這也是強化守備的重要一環。

　　此時最重要的一件事，就是不錯失顧客變化。

　　某公司業務部門發生了象徵後疫情時代的一件

事。過去老是談不成的商談突然開始動起來了，或者是以前敵對陣營的忠實顧客，竟然主動提出想跟你們談談。此外另一家公司也有過去從未往來過的顧客前來詢問，透過線上商談後，僅僅一個月就成功接單的實例。這些現象背後隱藏著什麼含意？

　　這正表示疫情前和疫情後，顧客的購買基準和選擇方法已經開始有所改變了。顧客被迫必須做出改變，所以會用全新觀點，重新檢視誰才是足以支持自己改變的夥伴。

　　都是老客戶了，放著不管也會再來下單。如果公司抱著這種小看的心態，一定會自取滅亡。反之也可以說即使過去未曾往來，只要提案夠好，就有機會突破。因此大家絕對不能坐著等。就算無法面對面商談，一定還有許多其他可以做的事，如線上商談、積極提供資訊和提案等。

先專注在國內市場，透過開拓內需存活

今後短期間內，海外事業應該還是窒礙難行。

各國市場都受到很大的打擊，短期間內還是會以國內產業與公司為優先，提供優惠措施。因此企業也必須重新放眼國內市場，確實開發內需。之前各國企業競相放眼海外市場，但現在應努力發掘內需，回歸國內市場。

以日本為例，受到新冠衝擊最大的觀光業就是一例。赴日觀光客的需求一口氣歸零，但日本 26 兆日圓的觀光市場中，赴日觀光客的需求不過占約二成。

而且過去前往海外旅行的消費者，也很可能因為追求便宜、距離近、時間短，以及相對安全等考量而回歸國內旅行。

光是抱怨需求歸零，也無法改變現實。現在反倒應該正視眼前的商機，確實獲利。例如旅遊業者

可以利用手中既有的顧客名單，推廣適合各年齡層
的體驗課程以取待出國旅遊，或是設計「偽出國體
驗」，滿足多數人渴望出國的需求，不錯過任何新
商機。

3

加速數位化，
突破產能限制

受到疫情影響許多企業被迫停止營運，停下腳步。疫情造成的需求蒸發當然帶來巨大的負面效應，但另一方面，也曝露出長年侵蝕企業資產的真實問題。

任務大掃除，大幅削減非必要程序

俗話說：「停下腳步才能看清許多事實。」以往邁步向前時看不到的問題一口氣浮上檯面。簡單來說，問題就是公司內到處有不必要與不緊急的事物。

沒必要當面拜訪的客戶、沒有結論的漫長會議、假借公務名義但多半在玩樂的出差、成效不彰或意味不明的會意業務、只是留在辦公室吹冷氣的不必要加班……正因為停下所有的腳步，公司組織到底被多少不必要不緊急的事物汙染，這種無謂的真實才能浮上檯面。

現階段組織哪些人力配置是必要的？

而且無謂的真實不僅出現在會議、出差、業務方面。

當公司真正重新啟動時，誰是真正必要的人才誰是真正有用的人才自然會清楚浮現。

反之冗員沒用的人亦即誰是不需要的人也將被攤在陽光下。如果全球經濟或日本經濟還很穩健，或許還有辦法可以救救這群冗員。

但求生戰略中也已提到，在景氣低迷將成為中長期趨勢的預測下，企業沒有餘力養冗員。

以色列歷史學家哈拉瑞（Yuval Noah Harari）提出的無用階級（Useless Class）將一舉浮上檯面[14]。但原因並非哈拉瑞預言的人工智慧（AI）所致，而是新冠疫情。

---

14 哈拉瑞（Yuval Noah Harari）（2018）《人類大命運》（*Homo Deus: A Brief History of Tomorrow*）（上下卷）河出書房新社。

　　那麼新冠疫情後究竟應該如何提升生產力呢？
以下提出應留意的三大重點。

一、線上化、遠距工作成為標配

　　因為新冠疫情，我們被迫在家工作。我們被迫
體驗遠距線上會議、遠距線上研習、遠距線上商談
等。喜不喜歡是一回事，但被迫轉向線上化和遠距
工作，對現行企業其實有相當大的助益。

　　只要實際嘗試，就可以親身體驗線上化和遠距
工作的優缺點。根據日本人力資源服務商的智庫
Persol 總合研究所 4 月上旬進行的調查顯示，日本
遠距工作的實施率為 27.9％，推估約 760 萬人。其
中 68.7％ 的人是第一次嘗試遠距工作[15]。

　　因為不熟悉，當然會出現生產力滑落、業務品

---

15 Persol 總合研究所「有關新冠肺炎對策對遠距工作的緊急調
　　查」。

質下滑、溝通失誤等弊害。然而只要累積經驗，一定會用得更順手，技術也會更加純熟。而且，有些人在面對面時，很難大膽說出自己的觀點，到了線上反而可以侃侃而談，增進組織溝通的深度與流暢性。最重要的是我們有了執行業務時的新選擇。這是前所未有的巨大變化，我們必須充分運用這個跨世代的革新。

遠距工作不再是應急措施

事實上已有大企業表示即使新冠疫情告一段落，將持續遠距工作。

日立製作所宣布將調整人事制度，以日本國內約七成的員工亦即約 23,000 人為對象，實施即使每週只到公司上班兩天至三天，仍能有效率工作的新人事制度[16]。

16《日本經濟新聞》2020 年 5 月 27 日。

　而 NTT 則從 6 月起以內勤人員為主，提高在家工作比率到五成以上。對象遍及持股公司與八家主要公司的員工，受影響人數高達約五萬人[17]。

　伊藤忠商事則因為生產力下滑等理由，祭出非必要因素，仍須到公司的出勤規定。

　基恩士（Keyence）也因為研發和業務等無法在家工作，而重新開放員工到公司上班。但另一方面也推動活用網路會議系統、減少出差、移動等的浪費[18]。

　重要的是活用遠距這種新選擇，承認多樣化的工作方式。

　透過暢銷書《100 歲的人生戰略》（*The 100-Year Life*）提倡人生 100 年時代生活方式的英國倫敦商學院教授葛瑞騰（Lynda Gratton）指出，只要

17《日本經濟新聞》2020 年 5 月 29 日。
18《日本經濟新聞》2020 年 6 月 19 日。

體會過一次便利性就會上癮，預言清晨和深夜工作
將成為一般選擇[19]。

　　總之，我們必須把新冠疫情帶來的新選擇，活
用到極致。

突破移動限制，線上化合作成主流

　　當然並非所有業務都適合線上化、遠距工作。
像現場第一線部門大多數的工作，都不適合或甚至
無法線上或遠距工作。

　　就算是會議，如果是多人自由表達意見，熱氣
蓬勃的會議，也不適合線上舉行，因為無法深入討
論。像這種必須感受現場整體氣氛，再決定方向的
模糊討論，面對面會議的效果更好。

　　但是總公司或分公司、分店的管理工作和事務

19《日本經濟新聞》2020 年 5 月 24 日。

部門的工作，也就是大多數所謂的白領工作，其實線上化、遠距工作的可能性很高。

這類型工作過去必須到辦公室或面對面工作，是因為受限於設備與管理方便，這是唯一的選擇，然而現在多了一個線上化、遠距工作的新選擇。

現在，拜新冠疫情所賜，我們反而多了一個選擇，該到公司還是在家？應該用線下方式到現場，還是線上參加？既然如此，我們就必須視業務內容和場合，聰明地使用。

也可以說，雖然我們受限於疫情無法自由移動，但在工作上反而更能突破疆域限制，跨國的合作、跨時區的溝通都更加便利與順利。可想而知，今後線上化、遠距工作的定位將成為常態。

以線上化和遠距工作執行業務為主，只有不適合這麼做的時候才前往公司，面對面進行。從這個觀點去思考，也能扣回前面的「將固定成本變動

化」的原則，辦公室內還需要這麼多基礎配置嗎？
員工座位是否需要重新分配？等，從未來的工作型
態去思考企業的「瘦身」，經營者一定會發現許多
可以大幅降低，甚至完全不需要的固定設備。

數位化的推手，工作更彈性

　　另一方面，仍然有很多公司無法推動線上化和
遠距工作，最主要的原因就是數位化腳步遲緩。

　　書面文件、蓋章核准等昭和遺產留存至今，這
些遺產成為阻礙線上化、遠距工作的高牆。業務數
位化後就可能線上化，可遠距工作。數位化是推動
線上化、遠距工作的前提。無紙化無印章的動向帶
來無通勤（沒必要去辦公室）、無加班（沒必要不
加班）的連鎖反應。

二、刪減 30% 無用流程，生產力倍增

採行線上化、遠距工作這類全新的業務執行方法後，理當能大幅增加生產力，但實際上採訪幾位知名企業的經營者時，卻發現遠距工作沒有想像中的成效。再深入探究其中的原因，一方面是員工還不熟悉新的工作模式，但更核心的原因是遠距工作與傳統流程無法完全相容。

前面也提及因為這次的新冠風暴，我們重新認知公司內到處有不必要、不緊急的事物。在討論手段之前，確實檢視業務更為關鍵。

也就是說重要的是區分什麼是必要的工作，什麼是不必要的流程，然後決定放棄哪些步驟或簡化流程。例如原本就沒必要的會議，換成線上召開一樣沒有意義，就應該直接廢除這種會議。

應該被檢討的業務不只是會議，如服務、文件、報告、審核程序……如果本來就是不需要的流

程，即使經過簡化也不可能提升工作效率，不過是做白工，最好的解決對策就是廢除。

隨著線上化和遠距工作普及，的確有許多流程可以簡化或直接刪除，當然也可能產生新的重要流程。總之，若想在後疫情時代站穩腳步，就一定要建立與時俱進的工作模式，我認為無論規模大小，企業都應該建立一套能與未來工作模式無縫接軌的業務規則和秩序。

換個方向思考，刪減 30％ 不必要的流程，工作的時間立刻就能降低至 70％。再加上聰明運用線上化和遠距工作，優化 30％ 的業務生產力，生產力一定可以一舉倍增。

三、實現生產力與幸福並存的聰明工作

一提到生產力，話題總會偏向經濟合理性和效率性，其實更重要的是工作的人是否有成就感。

　　每天上午痛苦地擠通勤列車，被迫長時間勞動。甚至公司還充斥著權力騷擾甚至性騷擾，下班後還得心不甘情不願地去喝一杯，這樣的公司實在稱不上是幸福職場。

　　新冠疫情爆發前，很多企業中精神出狀況的員工愈來愈多。

　　全日本勞動諮詢中，含權力騷擾在內的霸凌、刁難諮詢甚至創下歷史新高，2018 年度達約 83,000 件[20]。

遠距工作的隱憂，員工容易孤立

　　後疫情時代除了討論生產力之外，也必須了解工作的人幸福是否獲得改善。

　　線上化和遠距工作一旦普及，成為常態，過去

20《日本經濟新聞》2020 年 5 月 31 日。

心照不宣的強制加班及面對面的權力騷擾，應該會因此減少。另一方面，線上化和遠距工作也會帶來新式霸凌，這一點公司也必須謹慎因應。

遠距工作很難可視化，員工容易孤立，必須思考新的防護措施。

2020 年 6 月起日本的正式立法規定大企業有義務實施權力騷擾預防措施。日本中小企業也將於 2022 年 4 月起適用同一法律，問題是法律內容是否符合後疫情時代的環境。因為新冠風暴，我們無論如何都必須實現聰明工作。

不過生產力戰略最主要的目的，並不僅僅在於提升生產力，而是要建立工作的人能打從內心覺得幸福的健全勞動環境。

4

重新檢視既有資源，
保留彈性調配空間

如同求生戰略中所言，短期內我們必須以現有事業為主，努力確實獲利。

然而只靠著以 70% 經濟為前提的縮水經營，可預見公司未來只能陷入極貧的窘境。緊抓著過去至今的事業不放，真的看不到未來。

除了鞏固現有事業，我們也必須積極摸索新的可能性，儘早確立新的成長引擎。

確立全新的育成平台

近年來許多經營者都提出雙管齊下式經營。也就是深耕現有事業和探索新事業雙管齊下，同時並進的戰略[21]。

許多日本企業熱衷於深耕現有事業，卻少見順

---

21 O'Reilly, Charles A., Michael L. / Foster（2019）《Lead and Disrupt: How to Solve the Innovator's Dilemma》東洋經濟新報社。

利推動探索新事業的企業。

　　被譽為「知識創造理論之父」、日本經營策略學者野中郁次郎老師提出的過度分析（Over Analysis）過度計畫（Over Planning）過度法律限制（Over Compliance）等就是原因之一。

　　過度分析過度計畫過度法律限制這三種過度，直接導致創業家精神萎縮，過度規避風險。新冠疫情後如果重蹈覆轍，就難以培育出全新成長引擎。

　　我們必須排除三種過度，確立育成平台，根據符合時代需求，獨特且腳踏實地的發想，建構出成長引擎。我們來看看因此必要的三大重點。

一、以敏捷方式培育新事業

　　好不容易有了新事業相關的有趣點子，結果經過內部討論後，被指出許多風險，只好中途放棄，或是變得四不像，被改成四平八穩的無聊方案。

新冠疫情後如果還反覆這種操作，永遠不可能培育出全新成長引擎。

只要有明確的新事業相關的有趣點子，關鍵就是先做再說。

先擬定綿密的戰略和計畫，分析風險，然後想方設法規避風險後再付諸實行，這種到目前為止的做法，不可能孕育出擔負開創未來、打造全新商業模式的新事業。

我擔任獨立董事的 Mother House 公司在緊急事態宣言發布後不過兩個月，就已經有好幾個新事業的點子，並已開始著手實現。

雖然本業一度完全停擺，但仍努力探討研究不依賴現有事業的新事業模式。這種敏捷、不屈不撓的精神正值得我們學習。

就算計畫還很粗略，只要找到素質不錯的初期假設，就立刻執行。然後邊做邊修正戰略和計畫，

覺得可行就放膽投資。

　　培育新事業時，採取這種敏捷策略是不可或缺的要素。

　　大企業也有積極推動成長戰略的公司。SOMPO 控股公司 6 月 19 日宣布投資專精於大數據分析的美國 Palantir Technologies 公司五億美元。

　　Palantir 是全球知名的大數據分析獨角獸企業。SOMPO 挹注巨資到該公司，試圖加速數據事業的事業化腳步。

　　由此可知，重要的是高瞻遠矚的創意與強行前進的魄力。

找回公司內積極果斷的創業家精神風氣

　　要推行敏捷方式，其實有合宜的體制。

　　為了排除不必要的雜音，避免守舊派扯後腿，培育新事業時應該由本體獨立，成立另一家直屬社

長管理的公司。

此時數量就是關鍵。

成立一、二家公司成不了大業。成立 10 家、20 家新公司，先讓大家放手去做才重要。當然這其中很多公司都不會有結果。

只要判斷不可行，就把那家公司收起來即可。不能因為好不容易成立公司了，就被那個殼綁手綁腳。重要的是找回公司內積極果斷的創業家精神風氣，讓組織保持活力。

就算是小小的成功，也要在公司內部廣為宣傳，建立挑戰文化才行。

二、提拔能舖新軌道的人

成立新公司時，最好提拔年輕人為領導人。年齡限制沒有任何意義。20 多歲、30 多歲都無妨。有熱情和有趣點子的人，親手落實自己的想法，那

正是育成的絕頂妙趣。

　　世界上有兩種人。舖新軌道的人，和走在別人舖好的軌道上的人。毫無疑問地現今需要的是舖新軌道的人。

　　舖新軌道的人不分年齡、性別和國籍。年長者也有洋溢創業家精神的人。但是現在正是擔負未來重責大任的年輕人發揮的時候。現在最需要不受過去束縛的全新發想。

確立新事業化的方法論

　　我期待年輕人能提出培育新事業的全新方法論。隨著數位化進展，線上化和遠距工作成為常態，年輕更有機會能跳脫傳統框架，以獨特的手法與方式，追求新事業的可能性。

　　日本這個國家現有的各種社會問題，其實也相當於巨大的商機。要把問題轉換成事業，光靠一家

公司閉門努力，也發揮不了太大的影響力。

　　必須完全擺脫從頭到尾什麼都自己來的個人主義、獨行俠的行事作風，和外部公司與人才確立良性的互利互惠合作模式，不只活用公司內部也活用外部的知識經驗，推動開放式創新。因此，我希望由數位世代的年輕人來擔任領導人。

三、善用 M&A 爭取時間

　　雖然需要自行努力培育新事業，但光這麼做還是無法找出新成長的主軸。正因為是後疫情時代，更應該考慮活用 M&A 進軍全新領域。

　　相較於過去，日本企業對併購已經沒有那麼抗拒，很多公司把併購定位成推動戰略的手段之一。

　　不過新冠疫情後大家應該更積極運用併購手法。除了強化現有事業，推動新事業時併購也可望成為有效的動力。

日本特殊玻璃和陶瓷材料製造公司艾杰旭（AGC）宣布由英國阿斯特捷利康藥廠手中，收購美國的生醫原料藥工廠，就是一個例子。今後AGC 考慮以此工廠為據點，並且代工生產新冠肺炎治療藥物[22]。

併購最大的價值就在於購買時間。好不容易找到商機，如果還要從零開始培育，缺乏速度感，而且機會不等人。正因為事關緊急，更應該試著活用併購進軍新領域。

併購後的整合管理（PMI）決定成敗

不用我說大家應該也知道，併購也不是買到就好。併購後的整合管理，亦即 PMI（Post Merger Integration）才是決定成敗的關鍵。

22《日本經濟新聞》2020 年 6 月 3 日。

　　我擔任獨立董事的 SOMPO 控股公司，運用併購進軍全新的照護事業領域。

　　僅僅一年的時間，SOMPO 控股公司就陸續併購和民照護等多家公司，整合成 SOMPO 照護（SOMPO Care）公司，獲得良好成效。

　　SOMPO 不僅因此得到照護事業這項全新的事業主軸，也因為這次經驗，學會了 PMI 的能力。

　　只要有錢，大家都可以買公司。但買了之後成功與否，關鍵在於是否有組織能力能落實 PMI。

5

別讓「資深」稀釋人才密度

新冠疫情後經營戰略中最重要的一環，毫無疑問的就是人才戰略。企業必須從根本改革承襲自戰後延續至今的人力規畫。

在日本，長期支持企業高度成長的終身雇用與年功序列、固定聘僱大學畢業生的想法，不但不適用於現代社會，甚至已經成為削弱公司競爭力的禍首。

人多不見得能贏，能整合專業的企業才強大

企業能否在新冠疫情後重生，關鍵就在於人才。只有確保並活用有能力的人才，公司才能存活下去。如果是穩定且看得到未來的環境，集團行動也能發揮功能。只要大家團結一致，一起揮汗努力，自然會有成果。

然而在前景不明的時代，需要的反而是個體突破力。卓越的個人專業經驗和出類拔萃的行動力才

能拯救公司。日本的人才流動率也一定愈來愈高。特別是有能力的人才，更不會死守著一家公司不放。以下介紹新冠疫情後人才戰略的三大重點。

一、以混合型人事制度因應變化

如前所述，日本企業必須推動雙管齊下式經營。也就是必須同時深耕現有事業和探索新事業。然而要用同一種人才戰略、人事制度同時兼顧這兩軸並不容易。因為挑戰難易度和需要的人才特質相差太多。

過去日本企業無法順利探索新事業，原因之一就是因為無法吸引合適的人才。把擅長深耕現有事業的人才，分派去探索新事業，也做不出成果。

可以鋪新軌道的人才，和走在別人鋪好的軌道上的人才，因能力與目標不同，原本就無法用同一套制度架構去評價考核。

高市場價值人才雖然薪資高，對公司風險較小

可以舖新軌道的人才，市場價值高。大多數企業都渴求有這樣的稀少人才。

而這些人才也不想被綁在一個組織裡。只要有機會可以提升自己、活用自己的能力，他們會欣然接受挑戰。

確保這種人才並給與適當評價，光靠現有人事制度有其難度。必須根據市場價值，建立全新人事制度，和現有制度並存，成為混合型架構。

這些人才大多拿年薪，而且佣金占比較高。總金額看來雖然龐大，但對公司來說風險並不高。

反而養很多薪資雖然沒那麼高，但必須照顧一輩子，還不知能收到多少回報的正職員工，對公司來說才是高風險。

我們都知道，人才是企業能否順利成長的重要關鍵，但過時的制度只會讓人才流失，最後使企業

空有軀殼且慢慢脫離主流市場，尤其遇大型的企業愈需要外部專家，引進不同的聲音，了解市場的變化。

地方組織和中小企業更應採用外部專家

　　一旦有人提倡聘僱外部有能力的人才吧，就一定會有人反駁那是大企業才做得到的事，和地方組織或中小企業無緣。

　　不過這種想法已經是過時的常識。以聯邦國家德國為例，德國鄉村有許多魅力十足的中小企業，而且他們也都能聘僱到有能力的員工。

　　原因之一就在於他們支付給這些人才的報酬，絲毫不遜於大公司。很多德國人也認為與其選擇競爭大的大企業，奠基地方、極有特色的中小企業反而更有魅力。

　　一旦線上化和遠距工作普及，鄉村交通不便等

缺點就不再構成問題，也會有愈來愈多人希望能回鄉工作。

正因為如此，地方和中小企業更應該支付等同，甚至高於大公司的報酬，吸引這些有能力的人才，這麼一來就算企業地處偏鄉，一樣能做出一番成績。

二、終結目標導向轉型為使命導向

三無世代的組織營運最重要的一點，就是要讓每一位員工有明確的使命（Mission）。必須讓所有員工都有自覺，知道公司要突破困境展翅翱翔，自己必須完成什麼樣的使命，並努力實踐。

平常時候就算不特別意識到使命等，公司也還能活下去。只要完成眼前自己被賦予的任務（Task）即可。然而非常時期這就行不通了。

組織由上到下都必須對自己的使命有所自覺，

並每日努力實踐。當然使命大小和難易程度會因為組織階層而不同。為了實現經營者揭示的大使命，必須把使命細分給每個階層、每個角色。用使命讓組織動起來，正是後疫情時代組織營運的鐵的方針。

根據使命和結果大小評價

我擔任獨立董事的 SOMPO 控股公司正經由使命結果導向（Mission Driven, Result Oriented）的人事制度，努力改變組織文化。

目前先由董監幹部開始著手改革。

董監幹部酬勞，根據每個人的使命大小與結果大小的距陣來決定（圖表 3）。

SOMPO 控股公司全集團的願景為安心、安全、健康的主題樂園。

為了實現此一願景，每年一開年就會和高層長

圖表 3　以使命 × 結果為基礎的人才評價

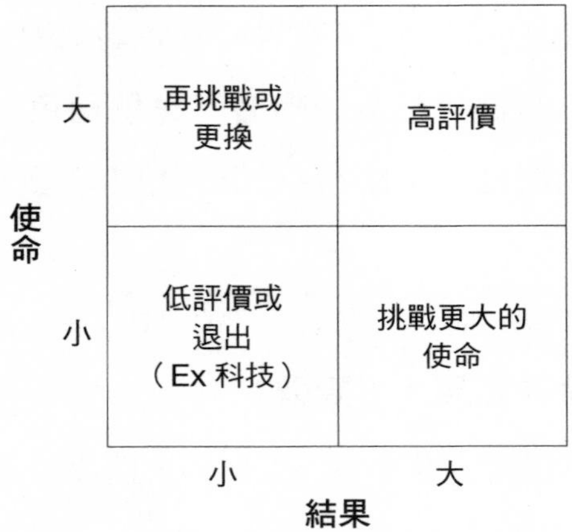

	小	大
大	再挑戰或更換	高評價
小	低評價或退出（Ex 科技）	挑戰更大的使命

使命

結果

官確實討論，並擬定每位幹部應達成的使命。

　　最後在年底針對結果進行客觀評價，評價時除了量化評價外，也會考量到質化因素。重要的是每一個人每天工作時要意識到自己的使命，不要只被眼前的任務左右。

三、培育有經驗者為知識型工作者

即使進入後疫情時代，現場力一樣重要，甚至可以說更為重要。

平常時候只要有普通的現場力，也就可以活下去了。但非常時期現場力不夠高的公司，很難存活下去。支撐現場力的人就是知識型工作者。

他們在現場工作，同時運用智慧發揮創意巧思，致力於改善。

正因為有這種腳踏實地的努力，才能減降成本，改善品質與服務。日本企業的競爭力一向來自現場，這一點在後疫情時代也不會改變。

另一方面，只會被動做事的按表操課型工作者，將更沒有價值。大多數人甚至今後將被機器人或 AI 等取代。換言之，知識型工作者替代性低，是公司的重要資產。因此，經營者應該提高對無法被機器人或 AI 等取代的知識型工作者評價，增加

他們的酬勞將成為必然。

以數位民主化強化現場力

進入後疫情時代，數位化更是迫在眉睫。

公司必須更進一步經由數位化、自動化、機器人化，提高作業部門效率。

此時重要的是由作業部門主導，推動業務改革。數位化不過是改革的一項武器。

以數位化為武器，讓現場自行摸索新業務的作法，經過多方試誤後，提升效率和生產力。這就是所謂的數位民主化。

日本企業過去曾透過辦公自動化（Office Automation, OA）與企業流程再造（Business Process Re-engineering, BPR）等，推動業務改革。然而這些改革大多由本社主導，由上而下推動，因此很多改革都無法扎根落實。

後疫情時代應該讓現場自行以數位為武器，推動大膽且靈活的業務改革。

而改革所得成果，也應該正確反應在現場部門的薪酬上。

比起在現場孜孜不倦地絞盡腦汁努力的知識型勞工，躲在本社不做事的歐吉桑們薪水更高，現在我們必須改變這種公認矛盾的現象。

第 **3** 章

進入三無時代，
你的工作還在嗎？

1

工作會消失，
但對領域專家的需求一直都在

因為 AI 與機器人等先進科技發展，很多職業、工作陸續消失，結果帶來大量失業人口。新冠疫情前這已經是極熱門的話題了。

牛津大學副教授奧斯本尼（MichaelA. Osborne）等人，針對 702 種職種，驗證其被電腦取代的可能性，結果發表了一篇論文指出 47％ 的職種很可能被電腦取代[23]。

被淘汰的工作不再回來

理智上我們雖然理解這種趨勢無可避免，但也任性以為還要一段時間才會發生吧。我們樂觀認為只要經濟還有起碼的運作，過去的工作不會一下子突然消失。

然後新冠風暴就從天而降了。全球經濟活動突

23《THE21》2019 年 6 月號＜業界＆企業的未來預測＞。

然全面陷入停滯。接著出現規模大到無法想像的需求蒸發，連帶引起大量的工作蒸發。全球已經開始充斥著大量失業人口。

如果只是一般的不景氣，等到經濟恢復到一定程度，雇用也會復原。

然而這次不會只是失業者短期增加。就算需求某種程度恢復了，我們必須認清已經消失的工作可能也無法再回來。

站在經營者的立場，為了因應不知何時可能再次爆發的第二波疫情，同時因應縮水經濟的現實，當然儘可能不雇用員工，想保持身輕如燕的狀態。

此外如果可以用科技的力量來取代人工，也會想趁這個機會推動機械化、科技化吧。換言之，因為新冠肺炎而蒸發的工作就是消失了，很難再回到新冠肺炎前的狀態了。

職業會消失，但專業需求一直在

在科技進展和新冠疫情的雙重衝擊下，消失的職業、職種一定愈來愈多。

然而如果從職業和職種的觀點來看此現象，很容易落入陷阱。

我們不能忘記另一個重要的觀點，也就是個體差異，亦即個體創造出的附加價值大小。

就算是註定沒落的職業，如果是能創造出特別的附加價值的人，一定還是可以存活下去。

例如因為 AI 發達，會計師這項職業勢必受到極大衝擊。許多現在會計師做的事，以後很可能被 AI 取代。

然而是否因此就不再需要會計師呢？當然不是。可提供高附加價值無法被 AI 取代的會計師，存在感反而會更大。

也就是說業餘水平的會計師會被棄如敝屣，但

專家會計師反而會成為競相追捧的寵兒。

重點不在於什麼職業會因為科技被淘汰，而是該職業的從業者到底是專家，還是業餘人士。是否會被淘汰取決於這一點，這也是命運的分水嶺。

業餘人士會消失，而專家成為寵兒。

進入三無世代，專家化的現象毫無疑問會成為商業社會的常態。

可替代性和附加價值，決定工作者的市場價值

要解讀後疫情時代可謀生的人和無法謀生的人的差異，用職業被科技取代的可能性和這個人創造出的附加價值大小，即專家與業餘雙軸來整理，應該更容易了解（圖表 4）。

根據這兩軸分類，可以把三無世代的人才分成以下四類。

一、替代性低的職業且附加價值高的人才 →

圖表 4　後疫情時代的人才區分

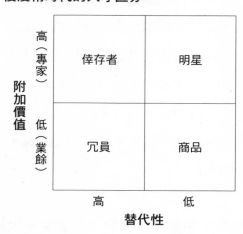

明星

　　二、替代性高的職業且附加價值高的人才 →
倖存者

　　三、替代性低的職業且附加價值低的人才 →
商品

　　四、替代性高的職業且附加價值低的人才 →

冗員

　　舉例來說，精通 AI 的高水準技術人才，今後至少短期間內一定還是明星。

　　我從事的經營顧問這項職業，和會計師一樣，應該也會受到 AI 的影響。

　　然而只要能夠提供 AI 無法提供的高附加價值服務，應該還可以做為倖存者存活下去。

　　就算是和 AI 等尖端技術有關的職業，如果只有普通技術和經驗，可能只能做為商品苟延殘喘。

　　至於從事駕駛工作的人，隨著無人駕駛的普及，應該會成為冗員。

擺脫低薪需要與時俱進的專業

　　明星和倖存者毫無疑問是可謀生的人。但倖存者務必盡快建立專業能力，否則也很可能落入冗員的分類裡，而冗員只能等著被淘汰消失，或領極低

的薪資。

　　在三無世代從事什麼職業當然很重要，但更重要的是是否能成為高附加價值人才，這可說才是決定職涯成敗的關鍵。

2

專家時代來臨

在日本專家、顧問之所以普及，並不僅僅是因為新冠風暴和科技發展。大多數日本企業都很需要專家。

新冠疫情爆發前，大家已經知道，不可能創造出與上個世紀一樣爆發成長的表現，那時的成長模式也不再適用於現在。換言之，只要大家認真努力工作就會有錢的時代，早已走進歷史。

到了二十世紀後期，這種經營模式開始漏洞百出，但大多數日本企業卻仍沿用上個世紀的成長模式，未曾大刀闊斧地改革。

然而，為發展經濟舖設的軌道早已生鏽，車輛也破爛不堪。

即使如此，大多數人還是死死抓住這些軌道和破車輛，不肯放手。

現在日本企業已經被逼到生死存亡關頭，若不徹底放棄過時的經營模式，轉型至全新模式，公司

很可能也會與過時的發展策略一起走入歷史。

大樹無法乘涼，人人參與決策

「處於現今的大變革中，追求穩定不願承擔風險，只想在大樹底下乘涼型的人才，完全發揮不了任何作用。」積極自 Google 和日本美林證券、德國軟體企業碩達（SAP）等公司聘僱外部人才為幹部的松下電器（Panasonic）社長津賀一宏如此表示。「現有的人只會考量現有條件。我們要邀請可以討論事業模式的人才。」

的確，企業要的是可以舖設新軌道，打造全新車輛，高瞻遠矚又有行動力、領導力的人才。

在三無世代展開重大的改革，最需要的無非是創造全新價值（innovation）與飛躍性提升效率（Efficiency）的兩輪。

如果不能儘早實現不在過去延長線上、不連續

的創造全新價值與飛躍性提升效率兩者，企業只會在新冠風暴中滅頂。

所謂專家，指的正是可以舖新軌道，打造全新車輛的人才。現今社會需要的正是這種充滿野心、活力與高度專業的人才。

而所謂專家化工作型態，指的就是承認人創造出的價值有明顯差異這個現實的社會。

開墾荒地舖新軌道的人，和走在別人舖好的軌道上的人，如果待遇報酬都一樣，沒人想去舖新的軌道。

腦力比人力更重要！一個專家勝過十個庸才

專家化趨勢最明顯的業界就是科技業界。

如果不能確保精通尖端技術的高水準專家，就無法充分活用科技的力量，設計、建構全新的事業模式。

　　舉例來說，根據騰訊旗下研究機構彙整的 AI 人才白皮書，全球企業目前需要的 AI 人才超過 100 萬人。

　　而實際活躍中的專家約 30 萬人左右，可見得有 70 萬人左右的人才缺口。

破除年資限制，留下頂尖人才

　　在供需嚴重失衡的狀況下，Google 和蘋果等海外科技企業紛紛祭出高額報酬，希望確保優秀人才。新冠風暴前矽谷年薪超過 1 億日圓的頂尖技術人員並不少見，新冠疫情後他們的薪酬水準也不會下滑。

　　連一向不太敢追隨海外腳步的日本科技企業，到了現在也終於開始動起來了。富士通和 NTT DOCOMO 已經啟用新制度，不分年齡，可支付 3,000 萬到 4,000 萬日圓左右的年薪。

當然要聘僱專家，也不是薪水高就可以。如果不能打造高水準專業職務應有的職位、待遇、權限、環境，他們大概很難留在日本企業中。

除了聘僱以外，如何留住（Retention）專家才是最大的難題。

因為專家原本就會尋求新機會而流動。如果不能持續提供有魅力的機會，經營時就很難持續活用專家。

專業為王，職業不受限

新冠風暴應該會加速這種趨勢。

所以必須快馬加鞭地建構全新事業、事業模式，招募人才時我們也沒空猶豫了。

二戰以來持續至今的日本雇用習慣與人事制度，今後也將大幅改變。

豐田汽車自 2019 年度起，明確表示非事務性

工作的職缺中，非製造業出身、跨專業領域者的聘僱比重將由 2018 年的一成提高到三成，中長期來看甚至將提高至五成。

為了因應無人駕駛等次世代技術，積極聘僱外部人才，導入因個人能力決定薪資的制度等，打算從頭改革傳統聘僱習慣。

2019 年該公司在東京日本橋設置可容納 1,000 人的辦公室，成立了豐田旗下開發無人駕駛技術的子公司。

這家公司的新進員工，有一半以上來自海外。如果豐田汽車加強聘僱外部人才，將會引發骨牌連鎖效應。

被豐田搶走人才的公司，為了補足缺口，勢必只能再從其他公司手中搶人才。日本的人才流動可能因此大幅加速。

顛覆人才策略迷思，流動才能帶來競爭力

光靠過去統一聘僱大學畢業生的一律平均主義，與齊頭式平等主義的人才戰略，日本企業無法在新冠疫情後存活。大多數日本企業的經營者也都知道事態緊急。

不管喜不喜歡，企業都必須敞開大門，更為包容外部人才。在家是英雄出外是狗熊式的人才戰略、人事制度，無法提升競爭力。

日本企業對外部人才的包容力，其實正在逐步提高。

看看截止 2020 年 6 月止由我擔任會長的羅蘭貝格管理顧問公司的前員工們選擇的新公司，也可一窺端倪。

以前離職者幾乎都選擇到其他顧問公司、外資企業、新創公司等任職，最近愈來愈多人進入日立、資生堂等日本大企業。

　　日本的專家流動率，未來十年一定會愈來愈高。而這也將大幅改變終身雇用、年功序列、統一聘僱等習慣。

　　另一方面對市場價值低的人來說，則將成為極為嚴峻的時代。擠進大公司窄門就能一生無憂，這只不過是幻想。

　　疫情前對於日本型雇用的極限，日本自動車工業會會長、豐田汽車社長豐田章男這麼說[24]。

　　「如果不能再多給持續雇用的企業等一些激勵，現在已經很難再維持終身雇用制度了。」連那麼大的豐田汽車都難以維持終身雇用……這已經造成產業界的大地震，再加上新冠風暴，人事任用制度必然出線極大的調整。就算死賴在現在的公司不走，只要不能踏上升遷之路，報酬一定大幅縮水。

24《日本經濟新聞》2019 年 5 月 14 日。

走和留都是地獄的嚴冬時代已經來臨。

專家與業餘，薪資差五倍

站在勞工的立場來看，要因應專家化商業社會的變化，只能培養在以實力定勝負的社會中，存活的真正實力。

如果要在商業世界中勝出，靠自己的能力殺出重圍的專家氣勢、能力和努力，缺一不可。

前日本足球國家代表隊選手三浦知良如此表示[25]。「常聽到二軍、三軍選手『改善練習環境』的要求。可是如果自己不努力向上爬，環境是不會變好的。（中略）與其夢想著有人幫自己改善環境，不如自己想辦法到那樣的環境裡去。如果想要存活下去，就要有決心離開現在的舒適圈，儘可能

25《日本經濟新聞》2019 年 7 月 5 日。

向上爬才行。」這句話就是專家本質的集大成。

　　同樣是日本甲組職業足球聯賽（J Leaque）所屬選手，J1、J2 和 J3 的平均年薪差距可達五倍以上。

　　相較於海外聯盟的頂尖選手，差距甚至可高達數十倍到百倍以上。如果想要勝出存活，只能不斷向上。

　　受薪階級也必須有相同的心態。在居酒屋和同事互吐苦水、抱怨，改變不了任何事。只有自己能改變自己的人生。

身為專家勝出存活的五大典範轉移

　　要成為專家勝出，第一步就是要徹底根除身上沾染的上班族心態。要由業餘轉換成專家，必須進行典範轉移。接著，介紹五種實踐靠一己之力存活的全新典範轉移。

一、用市場價值而非公司內部價值決一勝負

過去半數以上的商務人士，目標都是在公司內部發揮作用，成為對公司有貢獻的人。只要在公司內部獲得評價與認可，就可以踏上出人頭地的台階，薪資也會隨之上漲。人才評價的主軸永遠都是公司內部價值。

然而專家更重視市場價值，而不是公司內部價值。

不依賴只能在公司內部通用的能力，提高更普遍性的能力與經驗值，就能拓展自己活躍的場所。

二、要求結果而非過程

專家是做事的人。他們揹負確實執行使命、任務的期待，然後接受專家級的對待與待遇。所以對專家來說，結果代表一切。每一次工作都是真正的作戰，不可能偷懶。就算過程再怎麼合理合宜，做

不出結果就會被烙上不夠格的專家的烙印。

三、以絕對而非相對為目標

最有價值的專家，就是能創造出獨一無二的絕對價值的人才。無可取代（irreplaceable）的人才，就是終極的專家。專家不以和其他人的相對比較來磨練自己，而把目標放在追求只有自己才做得到的事，成為絕對性的存在。

因此他們必須冷靜地分析自己的強弱優缺點，戰略性地找出哪裡需要磨練、哪裡需要進步。知己正是成為專家的第一步。

四、靠自律而非他律行動

專家不需要主管。如果真有主管，那位主管就是自己。

真正的專家團隊只會有共通目標和大方針、最

低限度的原則。因為他們知道過多的原則和束縛會
損專家的幹勁和創意。

專家不是因為其他人的命令和指示而行動，完
全以自己為主體判斷並付諸行動。不能做到這一
點的人，不論才華如何優異，充其量不過是業餘
人士。

五、捨棄不可控專注於可控

對專家來說最悲觀的狀況，就是沒有任何一件
事可控。只要有自己可控的變數（controllable）存
在，專家絕對不會放棄，永遠樂觀處事。

找出自己可以控制的部分，專注集中以找出突
破的可能性。不會固執在自己不可控（uncontrolla-
ble）的部分上，或怨天尤人。真正的專家可以在
轉瞬之間徹底改變方向。因為他們努力找出什麼是
可控什麼是不可控，並專注在可控的部分上。

3

行業界線消失，
專業連結新商機

話雖如此，突然被人家說要以成為專家為目標，一般人大概也是丈二金剛摸不著頭腦吧。當然有人會覺得自己沒有任何專業，或「我不知道如何才能成為專家……」等，惶惶不安又充滿疑問。

社內輪調是扼殺專家的毒藥

日本大企業習慣每隔幾年就輪調一次，讓員工累積較全面的經驗，培育通才（Generalist）。

這種輪調制度雖然可以讓員工累積各種經驗，但只能孕育出大量專業薄弱能力普通的通才。

在同質性極高的不上不下的通才大集團中，唯有有才能且運氣夠好的一部分人，才能被升任幹部甚至董監。

這就是昭和時代創造出的日本典型經營模式（圖表5）。

圖表 5　過去的人才結構

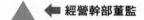

經營幹部董監

不上不下的通才
（同質性大集團）

　　然而在三無世代的大變革中，就算不上不下的通才多如牛毛，對公司也沒有任何幫助。

　　你到底是哪種專家？又應該以成為哪種專家為目標？現在你必須好好思考這個問題。

專家的定義

　　不過我們也不用把專家（Professional）這個字想得太複雜。

在自己擅長的領域、自己感興趣的領域、自己累積了經驗的領域，有凌駕他人的卓越知識見解、技巧、實績的人才，就是專家。今後的經營需要各種領域的專家。

戰略性專家行銷專家科技專家 AI 專家數位專家 M&A 專家法務專家審計專家等，不磨練出高水準的專業性，就無法在公司中發揮實力獲得認可。

而商務專家的世界也和職業足球一樣，有 J3、J2、J1 甚至是海外頂尖聯盟等的專家階層存在。

如果想成為領域專家，就必須以更高階的聯盟為目標，努力向上攀升（圖表6）。

專家與否由顧客決定

很多人印象中的專家是有很多證照的人，但專業與否，應該由市場，也就是顧客判斷。我身邊有好幾位讓我覺得「這個人是專家！」的人。

圖表 6　後疫情時代的人才結構

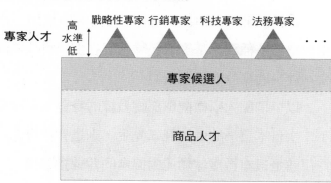

　　例如活躍在剛創立的羅蘭貝格管理顧問公司的足立光先生，就是一位行銷專家。他在寶僑（P&G）學到行銷的基礎，然後任職日本麥當勞時以首席執行幹部行銷本部長的身分，辣腕重整事業。不僅是消費財，他還精通各種領域的行銷。

　　至於在優衣庫母公司迅銷公司擔任資訊長（CIO）長達 20 年以上的岡田章二先生，則是資

訊長專家。

　　在優衣庫（Uniqlo）成長過程中他累積了活用、整頓各種資訊基礎的經驗，現在則以科技顧問公司社長的身分活躍在市場。

　　以早稻田大學橄欖球部總教練的身分，率隊拿下二次日本第一的中竹龍二先生，則是教練專家。他目前是日本橄欖球類運動協會的教練指導員，以培育教練的教練身分活躍在橄欖球界。

　　這三個人的共通點不光是有高水準的專業性。更重要的是他們的市場價值很高。即使有精通某種領域的高水準專業性，如果沒有公司想要就只是御宅族。

　　一個人是否是專家，由市場也就是顧客來決定而非專業證照或文憑。

　　其實我剛剛介紹的三位，都是業界爭相聘僱的紅人。我也曾經被幾位經營者要求，請為我介紹足

立先生。羅蘭貝格管理顧問公司則聘請中竹先生進行教練指導。他們擁有的高水準專業性，是有市場需求的專業性。

薪資由市場價值而非社內價值決定

遲遲不願提供不同薪酬的日本企業，也開始根據市場價值，支付專家報酬。

支付真正的專家數千萬日圓甚至是超過一億日圓的報酬，在日本也慢慢會變成理所當然的事。

反之只有公司內部價值，或是替代性高的業餘工作者，報酬就會受到限制。

年功序列的想法消失，只有有限價值的人才不管年紀多大，都只能賺取最低薪資左右的報酬。

新冠之禍讓企業不得不縮減人事費用預算。付高薪酬給專家，勢必壓縮到業餘人士的薪酬。

結果即使是在日本，專家和業餘工作者的薪酬

差距，大概也會高達十倍以上吧。可是這在專家存在的世界，可說是理所當然的結果。

成為專家不過是低標

更進一步來說，專家之間的差距甚至會大過專家和業餘之間的差距。

也就是說不是成為專家就可以放心，成為專家不過是要在存活競爭中勝出的低標。

以職業足球 J 聯盟的平均年薪為例，J1 約為 3,500 萬日圓，但 J2、J3 不過 300 萬至 400 萬日圓左右。用平均值來看都有五倍以上的差距。

2020 年 J1 中年薪最高的日本人為神戶勝利船隊的酒井高德選手，他的年薪有 1 億 4,000 萬日圓，是 J2、J3 選手的 30 倍以上。

若放眼國際，基準更是直接多個 0。神戶勝利船隊選手安德烈斯・伊涅斯塔的年薪為 32 億 5,000

萬日圓。就算他是一個例外，2020 年 1 月高掛球鞋的伊涅斯塔前隊友大衛・韋拿，年薪也達 3 億 5,000 萬日圓，是 J2、J3 選手約 100 倍。

　　成為專家不代表成功。關鍵在於是否能成為專家做出結果，在更高一層的世界掌握成功。

真正的專家也是優秀的團隊成員

　　今後的經營是以專家為主，一提到這一點，一定有人問日本企業一直以來極為重視的「和諧」精神怎麼辦？

　　很多人把專家當成個人主義獨來獨往的同義詞。日本企業的確很重視共同體精神，以和諧為重，講究團隊作業。團隊作業和合作的重要性，今後只會更強，不會消失。

　　然而只因為公司內部專家增加，就擔心會破壞和諧和團隊作業，這種討論過於短視。事實上，真

正的專家是優秀的團隊成員。看看足球或橄欖球界
即可一目瞭然。

今後追求的和諧，不僅僅是同質性的好朋友俱
樂部。而是為了實現共同目標，到達共同目的地，
組成一個團隊，發揮各自的專業。今後需要的是新
形態的和諧。

如何孕育出多樣化團結？

在我 32 歲轉換跑道到顧問業時，我前往波士
頓研習。

當時我學到一個字，也就是多樣化團結（unity
from diversity）。

個性不同具有多樣性的顧問們組成一個團隊，
互相激盪彼此刺激，最終達成目標。因此產生專家
之間的團結意識。

現今的日本企業最需要的是健全的衝突。

　　每個人有自己的意見和主張，互相激盪，不畏懼衝突和對立，朝著目標勇往直前。

　　新冠疫情後如果要舖設新軌道，打造新車輛，這是不可或缺的過程。

　　和諧不是天生的，而是健全的衝突下的產物。

4

成為專家的八個條件

不論在哪個世界，沒有人天生是專家。不管才能如何卓越、多有素養，光這樣也不足以成為專家。

所謂專家，就是有優秀才能的人持續鍛鍊與精進，再經由運氣與人相會而誕生。

八個重點提升自己的市場價值

如何才能成為有市場性且高度專業的專家呢？以下說明成功的八大重點。

一、用機會而非公司判斷

商業世界中對專家來說，最重要的不是在哪家公司工作，而是要選擇什麼機會。

專家逐機會（opportunity）而動。能充分發揮自己能力做出貢獻的機會，才是最好的激勵措施。

所以專家通常不喜歡知名、穩定的大公司。他

們不會因為公司有名因為薪水好等一般社會眼光，來選擇自己要待的地方。

當然如果是開發新事業或進軍海外等挑戰新領域的工作，大企業也有機會，但一般來說已經成型的大公司欠缺機會，吸引力不足。

反之尚未成型的發展中公司或事業才是機會的寶庫。對專家來說，愈是未成熟未完成愈具有吸引力。

回顧我自己的職涯，我也是故意選擇未成熟的領域下賭注。

現今戰略顧問已經是受歡迎的職業之一，但30年前大家可認為這是不靠譜的工作。

20年前我要轉換跑道到羅蘭貝格管理顧問公司時，還被前輩規勸：「你為什麼要去那種明知道一定很辛苦的公司？」

主動尋找機會，不限於一家企業

但對我來說，我相信正因為未成熟、未開拓才有挑戰的價值，所以我毅然決然地去做了。能發揮自己的實力，讓自己成長的機會，對專家來說正是最大的吸引力。

因此專家不會死賴在一家沒有機會的公司。當然如果現在所在的組織常常有新機會，也沒必要異動，但如果不是這樣，自然要去尋找新機會。

對專家來說，個體和組織處於對等的關係。他們雖然感謝提供機會的公司，但也不會因此對公司阿諛奉承。專家與公司靠機會連結。

二、決定要成為哪種專家

專家的條件就是高水準的專業性加上市場性。要徹底追求有高度市場價值的專家，必須先確立自己的主軸，也就是要成為哪種專家。

　　只是茫茫然地完成公司交辦的工作，不可能成為專家。被稱為專家的這群人，不分職種，都能自己決定自己的主軸，花很長時間努力，以累積專家應有的實力。

　　職業足球選手、機師、醫師、律師、口譯、職業棋士……不是別人的要求，而是他們自己的選擇，這選擇中有強大的自我期許和紀律支撐。

　　在商業世界中要成為某個領域的專家，至少需以十年為單位，持續埋頭鑽研才行。這也碰那也試的作法，終究無法成為專家。賣弄半瓶水的知識和經驗，很快就會被看穿。

高普遍性的知識技術與經驗不會過時

　　確定主軸時要避免選擇波動劇烈的領域，這一點也很重要。

　　比方說最近流行的 AI 技術人員和資料科學家

等，雖然夯到不行，但這股熱潮終有消逝的一天。相較之下前面介紹過的足立光先生和岡田章二先生，則是普遍性較高的行銷和活用科技等領域的專家，不論哪個時代需求都確實存在。

當然行銷趨勢會改變，也會有全新的科技技術陸續誕生。

不過，如何在經營時提高行銷能力？如何把科技技術活用在經營上？這種本質性主題就具有普遍性，相關知識技術與經驗不會過時。

要成為一流專家，就必須有戰略性眼光，能找出普遍性高且有市場性的主軸。

三、找到好的模範

確立主軸後，其次重要的是目標。

就算有以成為專家立足職場的覺悟，以成為哪種程度的專家為目標會大幅影響努力的方向和品

質。就算都是專家，專家之間的力量、價值可有天
壤之別。

　　有些專家不過是比業餘好那麼一點的半專家，
有些則是全球適用的真正專家。身為戰略顧問，我
最幸運的地方就是一開始就見識到真正的專家。

　　我有幸遇見前波士頓顧問集團社長堀紘一這位
真正的戰略顧問，他也成為我的模範和目標。

　　正因為知道山有多高，我才能為了到達那個程
度而持續努力。

　　知道好模範對於決心以成為專家立足的人來
說，極為重要。

以真正的專家為目標才有趣

　　只要看看職業運動的世界，即可了解尋找模範
的重要性。

　　目前活力四射的女子職業高爾夫球界，1988

年出生的黃金世代如澀野日向子選手、畑岡奈紗選手、勝南選手等，正帶領著球界前進。

而對這批黃金世代的選手來說，2017 年引退的宮里藍小姐，給了她們莫大的影響。

受到小藍熱潮啟發，這些剛上小學的孩子們踏上青少年高爾夫選手之路，以小藍為目標努力鑽研。結果成就出一批又一批實力堅強的女子職業高爾夫選手。

日本的職業足球選手們也一樣，為了尋求活躍的舞台而選擇出國。這是因為他們熱切希望在海外貨真價實的場所測試自己、磨練自己。

成為國內專家活躍在國內市場，並不能滿足他們心中的渴望。那是因為他們知道真正的專家，並引以為模範。

既然要成為專家立足社會，不以真正的專家為目標，那就太可惜了。

四、不要否定自己的可能性

每次鼓勵別人要以成為真正的專家為目標，很多人會覺得自己不是那塊料，所以無法成為專家。

要掌握有市場價值的高水準專業性，的確並不是一件容易的事。

事實上回顧我自己 30 年來的職涯，幾乎可說沒有一刻是平穩的，一開始我根本沒有自信，自己有一天可以成為專家。

大家看我可能覺得我好厲害，順利轉換跑道並大獲全勝，其實我自己一直都在掙扎、煩惱，不停地自問自答。

在這個過程中，我只要求我自己一定要做到一點，也就是不要否定自己的可能性。

我真的能成為戰略顧問嗎？

專案真的能做出成果嗎？

自己真的有辦法把專案推銷出去嗎？

員工們真的願意跟著我這個社長嗎？

我寫的書能看嗎？

只要自己所處環境和職涯階段改變，不安和喪氣就會找上我。

相信自己就是最重要的成功條件

每當那種時候，我總是讓自己相信我一定可以。我有這樣的可能性，奮發振作。事實上，大多數狀況也都被我解決了。

我相信，每個人都有成為某種專家的才華和可能性。

只是幾乎所有人都會否定自己的可能性，根本不去加以活用。我真心覺得可惜。傾聽他人的聲音尋求建議當然也有其必要，但最了解你的人還是你自己。相信自己的可能性就是成為專家最主要的

資質。

五、靠非專業領域經驗培養實力

沒有人天生是專家。再怎麼具有卓越專家素養的人，不打磨還是無法發光。專家要靠實踐、鍛鍊並培養實力。

因此必須策略性地決定自己的所處環境。

就算現在的環境十分舒適，只要認為自己在這裡無法累積實力，就必須拿出勇氣斷然離開。對專家來說，非專業領域經驗也很重要。

故意轉換到其他公司或業界，累積非專業領域經驗的人，將來一定比其他人更有實力。以我自己的經驗來說，我辭去埃森哲顧問公司的工作後，轉換到博思艾倫諮詢公司，這是我職涯的第一個轉捩點。

在埃森哲我已經晉升為合夥人，工作也做得風

生水起。毫無疑問地留在埃森哲比較輕鬆。

　　但我卻故意改變自己的工作環境。轉換跑道後真的很辛苦，但也因為有了這一段辛苦的歷程，才有現在的我。

　　經驗過良好的非專業領域訓練，這種人會更強壯，看得更廣。正因為有了不同環境中的磨合經驗，才能打造出堅毅的人。

選擇安逸等於放棄選擇公司的自由

　　我不會挽留要離開羅蘭貝格管理顧問公司的人，相反的我很高興聽到對方願意挑戰不同的環境。優秀人才離職當然會重傷公司，但每個人有自己的想法和職涯規劃，所以我尊重他們的選擇。

　　但我會告訴他們，你去外面看看後，如果還是想成為策略顧問，仍想在羅蘭貝格工作，這裡永遠歡迎你。

在非專業領域也能發揮，才是真專業

了解並經驗過其他世界，蛻變重生的人才，對我們來說可是無可取代的魅力人才。打造一個進出自由的公司，一定可以強化公司的多樣性。

大公司也開始出現這種歡迎回家的事例。

波士頓諮詢公司（BCG）時代我的同事樋口泰行，2017 年回鍋擔任 Panasonic 專務幹部，一時蔚為話題。

而我擔任獨立董事的 SOMPO 控股集團策略長（CSO）兼執行幹部常務的奧村幹夫先生，也曾離開過公司，在其他公司累積經驗後再回鍋。

對專家來說，有如溫水般的舒適感是大敵。這種時候正必須大膽尋求挑戰其他領域的機會。

六、成為全球通用的專家

新冠之禍讓全球化背後的風險、缺點、課題等

一口氣浮上檯面。但我們也不能因此鎖國，從此自
國際舞台上退出。

　　商業活動沒有國境。在地球這個唯一市場中提
高自己的存在感，即使進入三無世代這個大方向也
不會改變。

　　不論有沒有新冠風暴，日本經濟蕭條的趨勢持
續不變。導致許多人只能規避風險，揮軍海外尋求
成長的機會。

　　就像是日本職業足球員進軍海外尋找舞台一
樣，真正的專家必須能在全世界通用。只能在國內
的山大王愈來愈沒有舞台。

　　2019 年世界盃橄欖球賽帶領日本隊闖入八強
的功勞者之一堀江翔太選手這麼說。「日本人的海
外經驗太少。因為有超級橄欖球聯賽（SR，Super
Rugby），我才能習慣和海外球隊對戰。」

　　日本自 2016 年起派出 Sunwolves 選拔隊，參

加紐西蘭等南半球四國強隊雲集的 SR。許多日本國家隊選手都在這裡和外國選手對戰磨合。

團隊戰績雖然乏善可陳，但如果沒有這樣的經驗，就沒有本次日本國家隊的大躍進。

磨練異文化溝通力──最重要的是習慣

說到全球通用的人才，很多人先入為主的印象就是語言能力很強，其實最重要的是習慣。不怕面對外國人，對等交流的強韌精神力，才是真正的武器。

不過為了習慣，還是必須有一定的語言能力。對專家來說，有一般英語會話能力已經是理所當然的條件，不會英語的人愈來愈得不到機會。

會說英語是理所當然的，如果能再多會一種語言如中文等，那就會變成強而有力的武器。重要的是磨練異文化溝通力。

　　語言不通就是最原始的感覺不舒服的原因之
一。所以會說外語就可以有很大的收穫。

　　要跨越語言、文化、宗教的差異，成為可活躍
在多樣性中的堅毅人才，就必須故意把自己放在感
覺不舒服的場所。

　　老是沉浸在只有本國人、可說母語的舒服環
境，不可能知道世界有多大。

七、重視信用的價值

　　體育界和演藝圈一樣，一流的專家絕對不會背
叛粉絲的期待。無論何時無論何地都會全力出擊，
讓粉絲樂在其中，絕對不會有所保留。

　　而這麼做最終會形成很有價值的信用，累積粉
絲和支持者，拓展自己活躍的舞台。對商業世界中
的專家來說，信用價值也極其重要。因為有高水準
專業性就態度傲慢擺架子，這樣不會有機會上門。

樹立專業形象，有助於累積信用資產

要獲得信用，重要的是不蔑視日常瑣碎小事。日積月累才能匯聚出信用。

不管什麼事都一定會守信。越小的事越重視。不承諾自己做不到的事。只要有人幫助自己，一定會回報……其實簡單來說就是要有一顆感恩的心。

正因為有人給了自己發揮能力的機會，自己才能有專家的工作。專家更應該知道自己受惠於人。

專家必須是一流的人，做一個人應該做的事，日積月累自然會形成信用財產。

八、磨練情緒智商

磨練高水準專業性不過是基本條件，事業要成功，均衡的智商（IQ）和情緒智商（EQ）很重要。

專家也一樣。不管多麼專業，不學會活用專業

的方法，就沒有任何價值。

如果光有高水準專業性就會做事，那大學教師和評論家也可以勝任。

可是事實上商業社會並沒有那麼好混，不是只靠著專業知識和邏輯佐證，就可以讓對方信服。

管裡情緒是基本功

商業活動中較偏 IQ 的要素，已經有相當部分被 AI 和大數據等尖端科技取代、補足。

如果要比大腦速度與反應速度，人類不可能贏過超級電腦或量子電腦。科技進步就是如此日新月異，速度驚人。

還好人類還具備 EQ。不管多厲害的道具問世，還是要靠人類的智慧才能聰明使用道具。

科技愈進步，專家的價值就愈由 IQ 轉向 EQ。要活用高水準專業性，就必須貼近人心磨練

掌控人類情緒的能力，以及以五感讀取變化或預兆的能力。

第 **4** 章

無移動、無需求、無僱傭，
我們將如何工作？

1

追求生產力與創造力的
未來工作

新冠疫情強迫我們自主限制行動，陷入不論喜歡與否，都必須推動線上或遠距工作。

但這對我們來說反而是一件好事。因為我們因此有了新選擇。

更多的限制帶來更多的選擇

以前只有到辦公室工作的唯一選擇，現在加入了遠距工作這種新方法。以前只能專程出差商談，現在則多了線上商談這種新做法。

選擇增加讓我們更有餘裕。今後只要聰明地搭配運用這些方法即可。

新冠風暴為無的時代揭開序幕。

隨著數位化、線上化發展，可以讓更多的不必要變成無──減少、消失。

除了無紙化無印章外，無通勤（不去公司）、無出差（不參與無意義的公務行程）、無加班（不

加沒意義的班）、無面對面（不面對面地完成工作）等，我們因此發現很多東西都可以變成無。

再者商務人士擺脫不掉的調動，今後應該也會改變。過去只要一紙調職令就被迫調動，這可說是上班族的常識。但今後將進入員工可以選擇要不要調職的時代。

真到了這一步，我們就可以得到無調職。今後就是巧妙運用多種選擇的時代，也是所謂的聰明工作。

學會結合專業的聰明工作方式

上一章分析了商業社會中專家化的潮流。後疫情時代正是具備高水準專業性、具市場價值的專家大展身手的時代。

只會乖乖聽上司的話，捨己為公的上班族不是等著被淘汰，就是只能領低薪，這和 AI、機器人

等尖端科技進展剛好形成對比。

其實在上個時代早已有人指出這種危機。大家
都知道這是許多傳統企業喪失優勢最主要的原因
之一。

然而老實說多數並沒有真心想改變。這也正是
緩慢衰退的元兇。然後新冠疫情來襲，許多公司終
於被迫覺醒，不得不面對改革。如果想在商業社會
中成功，就必須以成為專家為目標。

而且，我們也必須學會最適合專家的全新工作
方式，也就是結合專業的聰明工作型態。

本章要探討的是在取得新選擇的三無世代中，
我們必須如何調整工作方式。

從生產力和創造力二大觀點重新檢視工作方式

此時重要的是從生產力和創造力二大觀點重新
檢視工作方式。

一、生產力

　　數位化→線上化→遠距工作的新潮流，正是解決長久以來白領階級生產力低落的良機。

二、創造力

　　然而只是提高生產力並不表示等於聰明工作。提高生產力的同時，也能接二連三產出獨特創意、嶄新點子，創造出全新價值，這才可謂是真正的工作方式改革。

　　衡量生產力的方式，是評估投入創造出多少產出。努力減少不必要不緊急的事，刪減無意義的投入固然重要，另一方面也必須比過去更努力提高創造力，磨鍊讓產出最大化的智慧。

減少投入與增加產出並非互斥

我曾數度和羅蘭貝格管理顧問公司創始人之一貝格（Roland Berger）討論生產力相關議題。

他一直提到日本老是只想著「減少投入」，德國卻靠著「增加產出」一路提高生產力。

汽車產業就是最好的例子。以豐田汽車為首的日本車廠，經由徹底的現場改善努力，成功減降成本，製造高品質且價格合理的汽車。

另一方面德國車廠則透過行銷與建立品牌，開發銷售消費者願意花大錢購買的汽車，如賓士和BMW、奧迪等。

換言之，售價 100 萬日圓的車減降 1 萬、2 萬日圓成本的努力固然重要，但如果能把售價提高到200 萬日圓，生產力更高。

「日本企業好不容易製造出高品質汽車，卻只會廉價出售。日本企業真的很不會透過行銷增加產

出。」這是貝格指出的日本企業缺點。

　　事實上，有效率地工作和產生有價值的產品，決並不是取捨關係。

　　經常考慮到投入和產出的均衡，這才是生產力相關議論的本質。

2

如何打造
高生產力工作方式？

先來看看如何才能實現高生產力的工作方式。因為必須自主減少外出，不論喜歡與否，我們都必須遠距工作。但也正因為如此，我們才得以發現遠距工作很可能大福提高生產力。

當然必須在現場汗流浹背的工作很難在家完成。但這種現場部門的工作還是可以經由數位化、自動化等，減輕現場作業的負擔，藉此提高生產力。

話說回來，現場部門也不是不可能遠距工作。

例如理光（Ricoh）就表示有三成以上的工廠員工在家工作。他們要挑戰遠距生產管理等製造現場遠距化[26]。

而醫療從業人員或照護現場、物流現場、門市現場等，數位化、自動化、遠距化的腳步還很慢。

26《日本經濟新聞》2020 年 6 月 25 日。

我們必須趁此機會加速活用科技的力量，支援現場業務。

在家上班或到公司？問題不在於業務而在於人

　　另一方面大多數在本社或分社、分店等執行的企畫、管理等白領階級業務，以及事務服務性工作，都極可能數位化→線上化→遠距化。

　　我自己從 2020 年 3 月開始，也幾乎都用遠距方式開會討論。

　　我擔任講師的企業研習課程大多數選擇延期，但因時間關係不得不舉辦的課程，則改採遠距研習。這個體驗讓我有了新發現。

　　也就是與其討論適合、不適合遠距工作的業務，不如先確實分辨出適合以及不適合遠距工作的人（圖表 7）。

　　問題不在於業務而在於人。只要能確實自我管

圖表7　遠距工作的適性分類

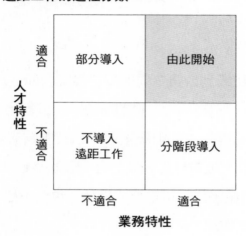

理，不靠人監督指導也能自行完成業務，有這種本
領與經驗的人，遠距工作的成效極佳。

　　然而無法良好自我管理，需要人從旁監督催促
的人，採用遠距工作反而會影響生產力。

　　監督不夠面面俱到，萬一發生業務疏失或問
題，反而有影響個人甚至全體生產力的風險。

　　也就是說思考遠距工作時不能一視同仁，而是
必須根據個人經驗值與自我管理能力，再思考遠距
工作的定位與運用。

臉書提出的適合遠距工作的四大人才特質

　　不是只有日本企業煩惱，不知今後該如何運用
遠距工作。連數位化程度遠高於日本企業的美國，
也開始有相同的議論。

　　例如臉書就一邊試誤一邊推動遠距工作，而且
極為謹慎小心[27]。

　　臉書（Facebook）執行長祖克柏宣稱今後臉書
將是最積極導入遠距工作的公司，並表示未來五年
至十年內，約 50% 員工可以在家工作。

　　另一方面，臉書也提出適合遠距工作的四大人

---

27 《日本經濟新聞》2020 年 6 月 3 日。

才特質。

　也就是以下四個條件。

　一、經驗豐富、技術優良的人

　二、最近表現良好的人

　三、團隊成員有人可以支援在家工作

　四、所屬團隊主管同意

　所謂經驗豐富的人，就是即使無人監督也能自我管理的人。至於最近表現良好的人可能和上司有良好關係，也容易保持溝通。

　相對地經驗少的人較需要監督。

　而表現不佳的人如果採用遠距工作，減少和上司的溝通，人際關係可能更容易出現問題。

　遠距工作是我們所有的眾多選擇之一。因此為了不妨礙遠距工作的可能性，我們必須學會聰明運用的智慧。

3

遠距工作的溝通四原則

隨著遠距工作普及，我們也必須摸索出一套全新管理的方式。管理的鐵則就是看不到的東西無法管理。

從這個角度來看，隨著遠距工作帶來的看不到普及，很可能帶來上司無法管理部下的風險。但如果因此變成無時無刻監控的過度管理，那又本末倒置了。

上司引導部下能自我管理

放著不管居家工作者的狀態，放牛吃草，這也不是一個合格管理人應有的行為。

過度管理會影響部下士氣，放牛吃草又會讓業務品質低落的風險激增。

遠距工作要有卓越成效，關鍵不在於強化管理，而是要由上司正確引導並合宜指導部下，讓部下能自我管理。上司不只管理部下，還要讓部下能

自我管理。

　　能協助部下自立，才是三無世代有能力的管理者。

線上可進行業務管理，但人員管理有其極限

　　遠距工作管理中最重要的一件事，就是要提高溝通品質。公司成立的基礎就是數不盡的溝通。不論線上（非面對面）或線下（面對面），人與人互相交流各種資訊和意見，企業活動因而得以延續。

　　我要再次重申，現在我們已經有了線上、遠距這些新選擇，不再跟過去一樣，只能一味偏重線下溝通。對我們來說，重要的是學會巧妙搭配運用線上和線下的智慧。

　　線上方式適合用來俐落處理機能性業務和溝通。大多數日常作業應該都可以經由線上、遠距方式，有效率地完成。

相對地也有不適合線上處理的業務，如微妙細節資訊的掌握。

他是不是工作遇上瓶頸了？

他是不是有什麼煩惱？

他的健康狀態是不是出問題了？

諸如此類的暗示性微妙細節資訊，很難透過線上溝通掌握。如果是面對面，瞬間就可以接收到無數的暗示性資訊。線上可進行業務管理，但人員管理有其極限。

因此，接下來要逐一了解有效搭配運用線上和線下溝通的公司內部溝通四大原則。

一、溝通方式因應三種人格特質而不同

前面已經說過後疫情時代的工作方式，最重要的是自我管理能力。

　　具備確實自我管理能力與習慣的人，應該可以有效活用遠距工作，大幅提高生產力。然而自我管理能力因人而異。

　　因此管理者必須確實掌握個人適性，因應適性改變溝通方式和頻率。不能因為採用遠距工作，大家就自己來吧。

　　人有三種。

　　也就是不用說也會做的人有人說才會做的人說了也不會做的人。

● 不用說也會做的人

　　不用說也會做的人自我管理能力很強，只要透過線上溝通即可做出好成績。

● 有人說才會做的人

　　有人說才會做的人並非完全自立的人，所以必

須同時運用線上和線下方式溝通。

● 說了也不會做的人

說了也不會做的人根本談不上如何溝通，是原本就不應該留在公司的人。

如果因為線上化、遠距工作流行，就一視同仁全部導入遠距方式，這是短視近利的作法。

了解一個人的特性，決定溝通的頻率和時間，判斷線下（非面對面）溝通的必要性等，必須因人制宜，仔細調整並選擇管理方法。

管理者應該有管理難度提高的自覺。

二、讓經驗豐富和不足的人組隊

經驗豐富可自我管理的人採用遠距工作，經驗不足無法獨立作業的人在辦公室工作。如果用這種

一分為二的方式，又會產生其他問題。

　　也就是無法培育人才的問題。

　　大家都在辦公室內工作，可以看到其他人工作的樣子，輕鬆交流溝通，在這種環境中，還在成長的人也不至於會被孤立。

　　因為在這種環境中，會做事的人可以照顧到還在成長的人。然而如果讓會做事的人在家工作，辦公室中只有還不會做事的人，這些人身邊就沒有可以照顧他們的人。

　　可是如果因為這樣，就讓原本可以遠距工作的人特地跑來辦公室工作，那就又本末倒置了。

　　因此顧問指導很重要。讓經驗豐富和不足的人組對，必要時及時提供建議，這是不可或缺的架構。

　　線上溝通也可能提供建議。反之還有比面對面時更容易說出真心話、更能輕鬆諮詢的優點。

　　另一方面，許多開始導入遠距工作的企業，也面臨了新課題。那就是愈來愈多員工無法切換線上、線下，以至於陷入過度工作，或是自己抱著問題孤立無援。

　　如果可以讓年紀相近的前輩員工，及時傳授在家工作的小秘訣與工作方式的巧思給這些人，應該可以減輕遠距工作的壓力。

　　重點就是要明確指出誰應該照顧誰。

　　能輕鬆溝通交流，沒有距離感的心靈導師而非管理者上司的存在，可以鼓舞員工。

　　要讓遠距工作這種分散式工作方式發揮功能，提高組織整體生產力，取決於是否能確實確保人與人交流溝通的管道。

三、建立非正式溝通管道

　　遠距工作也讓我們失去一些東西。那就是在辦

公室的非正式溝通。

　　辦公室裡不經意的閒聊，在走廊相會時站著聊聊，在吸菸室聊八卦等，這些一點一滴的資訊交流都是工作的線索，有消除人與人之間藩籬的重要功能。

　　線上遠距工作很容易流於公事公辦式交流。雖說只要能俐落執行機能性工作即可，但光這樣總覺得少了一些什麼。

　　因此活用線上方式，打造可以閒聊、話家常的非正式溝通管道非常重要。

　　除了一般的業務交流外，打造線上閒聊的管道，可以讓人與人之間的關係更為緊密。

　　所以我們必須刻意建立線上午餐會線上點心時間等，加入門檻低、大家可以輕鬆加入的非正式溝通管道。

四、定期線下，讓日常的線上溝通發揮功能

雖說線上遠距方式可以俐落執行機能性工作，但這不表示完全不需要線下交流。一定有些事只有面對面才能了解，只有面對面時才能傳達，只有面對面時才敢說出口。

線上遠距看不出一個人的微妙細節資訊，也無法傳達這些資訊。所以每個月最少應有一次線下的個人面談機會。

這和有沒有自我管理能力無關。反倒是自我管理能力越高的人才，表面上看來好像一切順利，其實越容易自己一個人藏著問題，默默苦惱。正因為有線下的交流，日常的線上溝通才能發揮功能，這一點最重要。

4

打破傳統公私界線，
效率工作也能享受生活

後疫情時代我們不只得到無通勤、無出差、無加班等新選擇。

過去上班族常被公司強迫調職到不同的工作地點，這種想法現在也出現了劇變。也就是說無調職這種新選擇也開始成為現實了。

無調職的新選擇成真

對上班族來說，原本調職乃天經地義的想法可說是常識。不管個人有什麼苦衷，理所當然必須遵照公司指示調職。

然而現在因為各種緣由不想（不能）調職的員工，和希望員工配合調職的公司之間，出現了鴻溝。雙薪家庭、育兒、照護年邁雙親等員工所處的環境大為不同，愈來愈多員工不能配合調職。

事實上，根據大型人力公司英才公司（en Japan）的調查，六成的人表示被迫調職是考慮轉

換跑道的契機。

廢止只考慮到公司需求的強制調職

　　當然公司也不能坐以待斃。之前也有公司祭出地區限定員工等制度，試圖和難以配合調職的員工共存。然而可配合調職和無法配合的員工之間因此形成階級，連待遇都因此不同，因而影響到員工的工作意願。

　　在這種狀況下，有些公司針對包含管理職在內的主要員工，祭出原則上禁止公司依公司需求隨意調動員工的方針。

　　AIG 產險就是一例[28]。該公司包含管理階層在內約 4,000 位員工，現在可自東京、大阪等全日本11 個區域，選擇自己想要工作的區域。員工可事

28《日本經濟新聞》2020 年 6 月 9 日。

先表明自己是否配合調職。

　　約三成員工主動選擇視狀況可配合調職，約七成員工選擇希望在自己選擇的區域工作。這個制度的重點是不論員工做出什麼選擇，待遇都相同，也不會影響昇遷和個人資歷等考核。據說自從這個制度上路後，來求職的大學畢業生突然暴增。無調職其實也是時代的需求。

建立公司和個人的全新關係

　　還有公司不是叫員工到公司辦公室所在地工作，而是在員工家附近設立辦公室。日本軟體大廠Cybozu就是其一。有員工因為家庭狀況不得不搬到福岡，公司就為他在福岡成立據點。也因為同樣理由在廣島成立據點。

　　過去的日本企業都只看公司需求，強迫員工接受調職，員工沒有拒絕的餘地。可是這種過去的常

識已經不再適用。

　　如果希望難以取代的專家員工大展身手，公司就必須比過去更重視個體的需求和情況。對真正的專家員工來說，在哪裡工作什麼時候工作其實無所謂。

　　消除所有制約條件，整頓出可讓專家成果最大化的環境。這就是公司和專家共存的方法。站在員工本位的角度，選擇工作地點和工作方式。三無世代必須建立公司和個人的全新關係。

自由業、斜槓成為主流

　　最自由的工作方式之一就是自由業。

　　雖然自由業者在日本愈來愈多，但相較於歐美，自由業者仍是小眾。內閣官房調查顯示，包含副業和自營業者在內的廣義自由業從業人口為1,087 萬人。

　　自由業大國美國有三分之一以上的工作人口，約 5,700 萬人，從事廣義的自由業[29]。這個數字是日本的五倍以上。

　　一直賴在同一家公司裡，抓著一份工作不放，永遠待在同一個地方。我並不否定這種生存方式，但只容許這種生存方式、只提供這種選擇的公司，絕對不能說是一家好公司。

不互相依附、制約的全新工作型態

　　當然自由業者在新冠風暴中，首當其衝，面臨收入減少和交易停止的打擊。而且因為不是公司雇員，也領不到補貼收入減少的津貼或補償。但是今後有能力的自由業工作者，應該會比正職員工有更大的活躍舞台。

29《日本經濟新聞》2020 年 6 月 24 日。

　　一般社團法人 Professional & Parallel Career Freelance 協會代表理事平田麻莉如此表示[30]。

　　「疫情時代工作方式的價值觀產生巨大變化。只會依附公司磨練技術的正職員工對公司來說，是最大的風險所在，在社會上也是最弱勢的人。」

　　不依附的生存方式，看起來不穩定，風險又高。然而現實並非如此。

　　所謂自由業就是無公司的生存方式。公司和個體是對等的關係，個體不隸屬在公司之內，有靠一己之力生存下去的決心。

　　正因為不依附，人才會變得更堅強。而且也因為不依附，才能享受富裕的人生。疫情促使無公司的自由業工作方式更熱烈，也在三無世代確實普及開來。

30《日本經濟新聞》2020 年 5 月 26 日。

商業活動更該以人為中心

公司內有各式各樣的壓力存在。特別是通勤加班人際關係，號稱是所有公司共通的三大壓力源。

這些壓力在後疫情時代的社會中很有可能消除或大幅減輕。只要數位化→線上化→遠距工作的潮流滲透、普及，就絕對有可能實現無通勤、無加班、無面對面的工作方式。

我們必須利用後疫情時代的契機，轉變為尊重個體，活得像人的社會。

看著上司的臉色，自己想說的話也只能吞回去；別人推來自己不喜歡的工作也無法說什麼；隨公司高興被迫調動⋯⋯這樣的人生說不上是富裕人生，更缺乏成就感。

不論公司再怎麼賺錢、有再多的保留盈餘，只要在裡面工作的人累得半死臉色灰敗，這樣的公司絕對不能說是一家好公司。從二十世紀中開始，這

圖表8　真正的富足是經濟富裕 × 心靈豐足

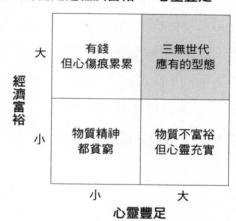

種公司愈來愈多。

　　我們必須利用新冠風暴的機會，為這種潮流畫上休止符。

　　我認為，真正的富足是經濟富裕和心靈豐足共存（圖表 8），而拜疫情所賜，我們的工作環境正在朝著這個理想狀態持續進化中。

　　以疫情為契機，今後應該會發生的各種工作方式變革，很有可能提升我們的心靈豐足。心靈豐足也會讓我們更能精煉個人的洞見，提高情緒控管力，讓各方面的表現都能向上提升。

　　我們必須由只追求資本合理性公司觀點的時代，轉變為人的邏輯個體觀點通用的社會。

5

如何打造
高創造力工作方式？

隨著數位化→線上化→遠距工作成為新潮流，一定可以更有效率地完成工作。雖然效果會因職種與工作內容而異，但生產力至少應該可以提高 30%。

以 70% 原則擠出時間，轉向高創造力的工作

我提倡 70% 原則，也就是用過去 70% 的工時完成迄今的工作。

取得數位這項武器，又多了線上化、遠距工作這些新選擇的現在，這是絕對有可能實現的目標。

然後就可以把多出來的 30% 時間，用在高創造力的工作上。所謂高創造力的工作，指的就是可以產生新變化新價值的工作。雖然很難，但很值得去做。

至於反覆性且機能性高的日常業務，就要徹底追求效率。

　　只要每個人都能轉向附加價值更高的工作，不僅可以提高公司業績，更可以提升員工滿意度。

正因為可以不見面，與誰見面更重要

　　從事高創造力工作必須有刺激。

　　一群同質的人聚在一起，反覆討論欠缺刺激的內容，不可能產出新發想、獨特的點子。這不是討論面對面與非面對面的方法論可以解決的事。

　　重要的是和誰見面。

　　遇上有異質想法或經歷與自己截然不同的人，會受到很大的刺激。正因為是三無世代，更必須追求和異質的人相會。

　　同理可證，親赴現場也很重要。

　　現場有變化的嫩芽。親臨現場才能發揮五感，發現變化的預兆。

　　機能性工作就俐落地用線上化、遠距化方法解

決。但老是坐在桌子前，無法看出未來的預兆。

　　正因為是數位時代，現實更為重要。很多事情只有面對他人或親赴現場時才看得出來。線上化、遠距工作最大的風險，就在於自以為有聯繫自以為有看到自以為知道。

　　再怎麼便利，還是有不到現場就得不到的感受、不面對他人就看不到的事情。所以我們不能把三現主義（現地、現物、現實）等當成過時沒用的東西而丟棄。數位無法取代用五感感受到的現實。

用斜槓業務和副業提高創造力

　　日本企業著手推動的工作方式改革，並不僅限於推動遠距工作。許多公司也祭出了提高工作自由度的措施。

　　例如武田藥品工業就導入期間限定的公司內部斜槓制度，讓員工可以在限定期間內，同時兼任不

同業務。

　　在 Takeda Career Square 這項新制度下，員工可以把 20% 的工作時間，用來從事自己有興趣的其他部門業務[31]。

　　這不僅可以磨練自己的知識和技術，還可以成為找出適合自己的工作的契機。獅王則開始公開召募願意以成立新事業為副業的其他公司員工等。獅王和這些人個別簽訂業務委託契約，可以遠距工作並自由選擇工作天數，每週最少工作一天[32]。利用這些制度，就算不換工作，也可以在新場所迎向新挑戰。

　　在異質場所與異質的人相會，和異質工作產生關聯，一定可以拓展世界。老是在同一家公司、同一個部門做同樣的工作，不可能提高創造力。改變

31《日本經濟新聞》2020 年 6 月 1 日。
32《日本經濟新聞》2020 年 6 月 5 日。

工作方式其實也就等於開拓自己所處的世界，找出
自己的可能性，跳脫過過去對工作的認知，你將發
現自己的未來還有更多的可能。

6

裝備四條件，
成為打敗 AI 的未來人才

就像前面的說明一樣，我們已經取得線上、遠距等工作方式新選擇。這是劇變。機能性工作只要透過線上、遠距方式有效率地完成即可。

上下班不用再跟大家一起塞在路上，不用再參加沒有結論的會議，也不用編製沒意義的資料。不用加沒意義的班，不用被上司強制下班後一起喝一杯。光想到這裡就讓人興奮不已了。

只要在疫情的契機下聰明工作，一定可以提高日本上班族的幸福程度。

前提條件為從公司裡獨立

但要實現這一點有一個重要的前提條件。也就是每個人都必須能自立自強。

過去多數人都在集團主義下工作，重視團隊工作和調和、規律，先有組織後有個體。

這當然也是一種想法，一種價值觀，但只有這

種人才的企業沒有未來。

　　企業必須活用有實力與幹勁的個體發想力、突破力到極限，追求全新的可能性。

　　因此每一個人都必須改變自己的意識和行動。當然公司的人才評價重點也會因此大為不同。接著來看看新冠疫情後可預見的四大變化。

一、可自我管理的人評價高

　　所謂遠距工作並不只是改變工作場所。工作的管理方式也會隨之改變。

　　如果是在辦公室工作，上司（管理階層）會盯著下屬的工作進度，檢查業務品質。

　　但遠距工作時上司就是自己。工作原則就是自己設計工作、自我管理。遠距工作雖然會提高工作方式的自由度，但如果因此放任自己愛做才做，當然無法提高生產力和品質。遠距工作要做出成果，

必須有規律。例如：

- 維持有規律的生活
- 勤於報連相（報告、聯絡、相談）
- 寫業務日誌（記錄自己做了什麼）

這些規律不是為了公司或上司而存在，而是自我規律的原則。自我管理能力愈高的人才，愈能利用遠距工作這種新工作方式，交出亮眼的成果。

二、只會等待指示的人評價低

過去只要乖乖認真完成上司交辦事項，和同事相處愉快，就可以得到一定的評價。

但時代變了。現代需要的是能舖設新軌道、打造新車輛的人。有自己的意見，能積極提出點子的人，才能獲得好評。

日本電產會長兼執行長永守重信如此表示[33]：「我一直以為遠距工作不適合日本人，因為日本人

大多是等待指示的人。從小就唯父母師長的話是從，不會主動想做些什麼。成為公司員工後也是在大房間裡，和同事排排坐，只要一有事，立刻就先問上司有沒有問題。但是遠距工作就不可能看上司臉色做事了，等待指示的現象或許可以因此獲得改變。」所謂專家指的就是可以自我主張、自我表現的人。

　　有自己的想法和意見，並用自己的話和行動表現出來。這就是現代需要的人才。

三、可持續自行鑽研的人評價高

　　過去的日本企業花了龐大的金錢和精力教育員工。培育人才是公司的責任，重視這一點的公司也是公認的好公司。

33《朝日新聞》2020 年 5 月 22 日。

　　新冠疫情後當然還是需要員工教育。公司為了培育出適合自家公司的人才，今後應該還是會持續教育人才。

　　然而只依賴公司獲得自我成長，在未來不能說是正確心態。

　　更別提只參加公司提供的教育訓練課程，不可能成為專家。

　　如果希望自己能成為專家，就應該自己花錢花時間磨練自己，自我鍛鍊。

　　如果是可以兼職的公司，就想辦法累積其他公司的實務經驗，或學習外語、上在職專班等，必須找出可以磨練自己的場所，努力自行鑽研。

四、不賴在公司不走的人評價高

　　在三無世代，「大樹底下好乘涼」這種想法已經不再適用。受到疫情影響，許多大學生立志成為

公務員，但公務員等於穩定原本就是膚淺的想法。

　　我也聽到有人搧風點火，現在正是緊急事態，千萬不能辭職。一定要想盡辦法賴在公司！可是待在一艘已經破了一個大洞的船上，甚至可能和船一起沉入海底。不管什麼公司都有倒閉的可能。不管什麼工作都有突然消失的可能。不能只因為自己是正職員工，就以為一定沒事。這個時代連國家都可能破產了。

　　正因為身在三無世代。真正有實力的人不會賴著不走，所以公司也會給這種人好評，聘僱這種人才。賴在公司不走，浪費自己的人生，這是最大的不幸。我們必須以新冠疫情為契機，建立不被公司束縛的脫離公司心態。

結語
別停下腳步，
才能大步前進

　　許多史學家都指出，歷史每 70 年至 80 年為一個循環。

　　回顧日本史，江戶時代 1787 年發生了天明農民起義。這場起源於天明大飢荒的民眾暴動，在江戶、大阪等主要都市一發不可收拾，日本國內因此陷入混亂。

　　在事件發生後的 81 年，1868 年明治新政府成立，日本結束鎖國。再經過 77 年，1945 年二次大戰結束，日本迎來終戰。

終戰後過了 75 年，2020 年未知病毒大舉入侵人類社會。

疫情帶來的巨大災害，遠超過我們一開始的想像。全球經濟受到致命性打擊，日本當然也不可能安然渡過風暴。

在這種狀況下，我們首先應該做的事就是救急救窮。雖然要花許多時間，也必須重振經興。

不過新冠風暴的意義不僅止於此。

這艘肉眼不可見的黑船也是讓許多泱泱大國、傳統企業、甚至是資深工作者覺醒的大好機會。

我們正身陷 80 年後可能被稱為新冠革命的大變革浪潮中。

清掃積弊的大好時機

疫情後我們不能再回到過去。這指的並不只是經濟規模。

　　不能再回到過去，指的是不能再重拾長久以來心中的潛意識、不言而喻的常識、職場潛規則或積非成是的價值觀。

　　組織比個人幸福重要的集團主義、做不做結果都一樣的惡劣平等主義、經常和其他人比較的齊頭主義。責任歸屬曖昧不明的綜合不負責任體質……不能一舉清除這些弊害，我們才會陷入緩慢衰退的窘境。

　　肉眼不可見的黑船都快攻上岸了，我們如果還不能徹底顛覆過去的想法、常識、價值觀，日本這個國家不可能有生機。我們不能想著要回到過去，必須大步向前邁進。

我們可以更富裕，可以更幸福

　　現今的新冠風暴給了我一個大好機會，讓我重新檢討自己的工作方式。沒有新冠疫情就沒有本

書，這種說法並不誇張，因為遠距開會和研習成為常態，也不用出差了，我因此多出一些時間，剛好把這些時間拿來撰寫本書。

我一直自認為工作生產力很高，但疫情爆發後讓我重新體認到自己的工作方式，還有很多浪費多餘的動作。我發現只要在工作方式上再多下一些工夫，我還有增加產出的空間。

將失去轉化為獲得，去做想做的事吧

另一方面，在自主避免外出的期間，我每天也都能享受散步的時光。我從來沒有像現在一樣，深刻體會到初夏的氣息。

我也有時間詳讀長篇小說，看看大製作的電影了。雖然是讀過的書、看過的電影，還是讓我覺得十分新鮮。我不禁浮現一種想法，也就是這艘肉眼不可見的黑船其實是在提醒我們，要再富裕一點、

更幸福一點。

　　我們必須懂得珍惜，因為一切陷入停滯才有的發現。

　　2020 年 6 月我辭去了日本羅蘭貝格管理顧問公司會長一職。今年正好是我進入這家公司第 20 個年頭。

　　同年7月起我以無所屬的自由身分，開始從事顧問活動。本書正是無所屬的我第一本著作，可謂是紀念出航的一本書。

　　我由衷感謝東洋經濟新報社的編輯中里有吾給我這個機會撰寫本書，同時也要感謝長久以來一直在身邊支持我的祕書山下裕子。

　　今後我願略盡綿薄之力，支持在三無世代浴火重生的企業。

全書重點整理

企業

三無時代企業強盛關鍵——SPGH 策略

一、求生戰略（Survival）

以維持過去七成的營業額為目標，制定短期積進策略並果斷執行。同時，這也正是重新審視資源分配的絕佳機會，各企業可以藉此重新盤點手中資源，以度過當前危機為目標彈性重新配置，其中面對高度不安定的局勢，保留一部分的彈性是能否度

過這波疫情的關鍵。

二、生產力戰略（Productivity）

透過數位工具輔助，有效大幅削減不必要的流程，實踐無紙化等目標，不只幫助員工工作更有效率，也大大提升組織生產力。

三、成長戰略（Growth）

據資誠聯合會計師事務所（PwC）的《2050年的世界》（*The World in 2050*）報告指出，未來數十年世界經濟仍然會繼續成長，至 2050 年全球市場預估將是現在的兩倍。甚至大多數的經濟學家都同意一個觀點：今日的新興國家將成為明日的經濟強權。經過新冠疫情的衝擊後，我們必然能在新環境下，勇敢挑戰新的可能性如自駕車的開發與成熟、5G 技術的應用與普及等符合未來趨勢的經營

策略。

四、人才戰略（Human Resource）

　　成功的經營者都明白，「人」是企業成長的根基，若企業要重生，勢必得重新檢討人才戰略。首要之務就是長年累積的人事制度弊病，例如不透明的升遷制度、不平等的人事考核還有最近漸漸受到重視的職場霸凌、性騷擾問題等，建立讓員工可以專注工作、發揮所長的環境。

減法經營的三原則

一、人事：人員合理化（Down Sizing）

　　新冠風暴後人員過剩的現象更為明顯。船隻大小突然縮水三成，如果額定人數不變，這艘船一定會沉沒。所以已經沒有時間讓我們猶豫怎麼不傷害感情地調整人力。在人事流動率低、強調以人為本

的企業推動人員合理化，阻力一定很大，但正因為
發生了新冠疫情這種異常事態，反倒成為著手改革
的良機。例如以優退制度縮減非必要的人力、重新
檢視薪資級距，給予員工合理的薪資、透過企業內
訓或提供學習機會，優化人力配置等，發揮組織中
每個人的最大價值。

二、成本：瘦身成主流，化固定為變動

　　壓縮固定費用的手段之一，就是讓固定成本化
為變動費用化。以人事費用為例，應該會有愈來愈
多企業由以正職員工為主，轉換成約聘員工等期間
限定的雇用型態。負責每日事業營運的核心人才還
是正職員工，但專業取勝的人才和專家等，則以約
聘方式聘僱，這是今後的人才戰略主軸之一；找
出應由公司內部執行的業務，把非核心業務全部外
包；再者還可以和其他公司共用設備或辦公室等，

重新檢討自備的想法，巧妙活用外部資源，保持身輕如燕與彈性，是三無世代的基本戰略。

三、獲利：掌握顧客變化，機動應對

　　強化守備不僅要改變過去的成本結構。不錯失眼前的商機確實獲利，這也是強化守備的重要一環。此時最重要的一件事，就是不錯失顧客變化。過去老是談不成的商談突然開始動起來了，或者是以前敵對陣營的忠實顧客，竟然主動提出想跟你們談談。此外另一家公司也有過去從未往來過的顧客前來詢問，透過線上商談後，僅僅一個月就成功接單……這些現象背後隱藏著什麼含意？這正表示疫情前和疫情後，顧客的購買基準和選擇方法已經開始有所改變了。顧客被迫必須做出改變，所以會用全新觀點，重新檢視誰才是足以支持自己改變的夥伴。

三無世代人才策略

一、以混合型人事制度因應變化

　　企業必須推動雙管齊下式經營，也就是必須同時深耕現有事業和探索新事業。然而要用同一種人才戰略、人事制度同時兼顧這兩軸並不容易。可以舖新軌道的人才，市場價值高。大多數企業都渴求有這樣的稀少人才。而這些人才也不想被綁在一個組織裡。只要有機會可以提升自己、活用自己的能力，他們會欣然接受挑戰。確保這種人才並給與適當評價，光靠現有人事制度有其難度。必須根據市場價值，建立全新人事制度，和現有制度並存，成為混合型架構。

二、終結目標導向轉型為使命導向

　　三無世代的組織營運最重要的一點，就是要讓每一位員工有明確的使命（Mission）。為了實

現經營者揭示的大使命，必須把使命細分給每個階層、每個角色。用使命讓組織動起來，正是後疫情時代組織營運的方針。

三、培育有經驗者為知識型工作者

即使進入後疫情時代，現場力一樣重要，甚至可以說更為重要。支撐現場力的人就是知識型工作者。他們在現場工作，同時運用智慧發揮創意巧思，致力於改善。正因為有這種腳踏實地的努力，才能減降成本，改善品質與服務。換言之，知識型工作者替代性低，是公司的重要資產。

個人

提升個人市場價值的八個重點

一、用機會而非公司判斷

商業世界中對專家來說，最重要的不是在哪家公司工作，而是要選擇什麼機會。專家逐機會（opportunity）而動。能充分發揮自己能力做出貢獻的機會，才是最好的激勵措施。對專家來說，個體和組織處於對等的關係。他們雖然感謝提供機會的公司，但也不會因此對公司阿諛奉承。專家與公司靠機會連結。

二、決定要成為哪種專家

專家的條件就是高水準的專業性加上市場性。要徹底追求有高度市場價值的專家，必須先確立自己的主軸，也就是要成為哪種專家。

　　只是茫茫然地完成公司交辦的工作，不可能成
為專家。被稱為專家的這群人，不分職種，都能自
己決定自己的主軸，花很長時間努力，以累積專家
應有的實力。

三、找到好的模範

　　確立主軸後，其次重要的是目標。就算有以成
為專家立足職場的覺悟，以成為哪種程度的專家為
目標會大幅影響努力的方向和品質。正因為知道山
有多高，我才能為了到達那個程度而持續努力。
知道好模範對於決心以成為專家立足的人來說極為
重要。

四、不要否定自己的可能性

　　每次鼓勵別人要以成為真正的專家為目標，很
多人會覺得自己不是那塊料，所以無法成為專家。

要掌握有市場價值的高水準專業性，的確並不是一件容易的事。傾聽他人的聲音尋求建議當然也有其必要，但最了解你的人還是你自己，相信自己的可能性就是成為專家最主要的資質。

五、靠非專業領域經驗培養實力

　　沒有人天生是專家。再怎麼具有卓越專家素養的人，不打磨還是無法發光。對專家來說，非專業領域經驗也很重要。故意轉換到其他公司或業界，累積非專業領域經驗的人，將來一定比其他人更有實力。

六、成為全球通用的專家

　　說到全球通用的人才，很多人先入為主的印象就是語言能力很強，其實最重要的是習慣。不怕面對外國人，對等交流的強韌精神力，才是真正在職

場勝出的武器。

重要的是磨練異文化溝通力。要跨越語言、文化、宗教的差異，成為可活躍在多樣性中的堅毅人才，就必須故意把自己放在感覺不舒服的場所。

七、重視信用的價值

對專家來說，信用價值極其重要。因為有高水準專業性就態度傲慢擺架子，這樣不會有機會上門。樹立專業形象，有助於累積信用資產要獲得信用，重要的是不蔑視日常瑣碎小事。日積月累才能匯聚出信用。

八、磨練情緒智商

磨練高水準專業性不過是必要條件事業要成功，均衡的智商（IQ）和情緒智商（EQ）很重要。科技愈進步，專家的價值就愈由 IQ 轉向 EQ。

要活用高水準專業性，就必須貼近人心磨練掌控人類情緒的能力，以及以五感讀取變化或預兆的能力。

遠距溝通四原則

一、溝通方式因應三種人格特質而不同

前面已經說過後疫情時代的工作方式，最重要的是自我管理能力。

具備確實自我管理能力與習慣的人，應該可以有效活用遠距工作，大幅提高生產力。然而自我管理能力因人而異。因此管理者必須確實掌握個人適性，因應適性改變溝通方式和頻率。人有三種，也就是不用說也會做的人有人說才會做的人說了也不會做的人。

● 不用說也會做的人：不用說也會做的人自我管理能力很強，只要透過線上溝通即可做出好

成績。

● 有人說才會做的人：有人說才會做的人並非完全自立的人，所以必須同時運用線上和線下方式溝通。

● 說了也不會做的人：說了也不會做的人根本談不上如何溝通，是原本就不應該留在公司的人。

了解一個人的特性，決定溝通的頻率和時間，判斷線下溝通的必要性等，必須因人制宜，仔細調整並選擇管理方法。

二、讓經驗豐富和不足的人組隊

顧問指導很重要。讓經驗豐富和不足的人組隊，必要時及時提供建議，這是不可或缺的架構。線上溝通也可能提供建議。反之還有比面對面時更容易說出真心話、更能輕鬆諮詢的優點。

　　另一方面，許多開始導入遠距工作的企業，也面臨了新課題。那就是愈來愈多員工無法切換線上、線下，以至於陷入過度工作，或是自己抱著問題孤立無援。如果可以讓年紀相近的前輩員工，及時傳授在家工作的小祕訣與工作方式的巧思給這些人，應該可以減輕遠距工作的壓力。重點就是要明確指出誰應該照顧誰。能輕鬆溝通與交流，沒有距離感的心靈導師而非管理者上司的存在，可以鼓舞員工。

　　要讓遠距工作這種分散式工作方式發揮功能，提高組織整體生產力，取決於是否能確實確保人與人交流溝通的管道。

三、建立非正式溝通管道

　　遠距工作也讓我們失去一些東西。那就是在辦公室的非正式溝通。辦公室裡不經意的閒聊，在走

廊相會時站著聊聊，在吸菸室聊八卦等，這些一點
一滴的資訊交流都是工作的線索，有消除人與人之
間藩籬的重要功能。

線上遠距工作很容易流於公事公辦式交流。雖
說只要能俐落執行機能性工作即可，但光這樣總覺
得少了一些什麼。

因此活用線上方式，打造可以閒聊的非正式溝
通管道非常重要。除了一般的業務交流外，打造線
上閒聊的管道，可以讓人與人之間的關係更為緊
密。所以我們必須故意建立線上午餐會線上點心時
間等加入門檻低，大家可以輕鬆加入的非正式溝通
管道。

四、定期線下，讓日常的線上溝通發揮功能

雖說線上遠距方式可以俐落執行機能性工作，
但這不表示完全不需要線下交流。一定有些事只有

面對面才能了解，只有面對面時才能傳達，只有面對面時才敢說出口。

線上遠距看不出一個人的微妙細節資訊，也無法傳達這些資訊。所以每個月最少應有一次線下的個人面談機會。這和有沒有自我管理能力無關。反倒是自我管理能力愈高的人才，表面上看來好像一切順利，其實愈容易自己一個人藏著問題，默默苦惱。

正因為有線下的交流，日常的線上溝通才能發揮功能，這一點最重要。

四條件成為打敗 AI 的未來人才

一、可自我管理的人評價高

遠距工作要做出成果，必須有規律。例如：

- 維持有規律的生活
- 勤於報連相（報告、聯絡、相談）

● 寫業務日誌（記錄自己做了什麼）

這些規律不是為了公司或上司而存在，而是自我規律的原則。自我管理能力愈高的人才，愈能利用遠距工作這種新工作方式，交出亮眼的成果。

二、只會等待指示的人評價低

過去只要乖乖認真完成上司交辦事項，和同事相處愉快，就可以得到一定的評價。但時代變了。有自己的想法和意見，並用自己的話和行動表現出來。這就是現代需要的人才。

三、可持續自行鑽研的人評價高

過去的日本企業花了龐大的金錢和精力教育員工。培育人才是公司的責任，重視這一點的公司也是公認的好公司。然而只依賴公司獲得自我成長，

在未來不能說是正確心態。更別提只參加公司提供的教育訓練課程，不可能成為專家。

　　如果希望自己能成為專家，就應該自己花錢花時間磨練自己，自我鍛鍊。如果是可以兼職的公司，就想辦法累積其他公司的實務經驗，或學習外語、上在職專班等，必須找出可以磨練自己的場所，努力自行鑽研。

四、不賴在公司不走的人評價高

　　在三無世代，「大樹底下好乘涼」這種想法已經不再適用。受到疫情影響，許多大學生立志成為公務員，但公務員等於穩定原本就是膚淺的想法。我也聽到有人搧風點火，現在正是緊急事態，千萬不能辭職。一定要想盡辦法賴在公司！可是待在一艘已經破了一個大洞的船上，甚至可能和船一起沉入海底。

　　不管什麼公司都有倒閉的可能。正因為身在三無世代。真正有實力的人不會賴著不走，所以公司也會給這種人好評，聘僱這種人才。賴在公司不走，浪費自己的人生，這是最大的不幸。我們必須以新冠疫情為契機，建立不被公司束縛的脫離公司心態。

工作型態

無移動──線上化、遠距工作成為標配

因為新冠疫情，我們被迫在家工作。我們被迫體驗遠距線上會議、遠距線上研習、遠距線上商談等。喜不喜歡是一回事，但被迫轉向線上化和遠距工作，對現行企業其實有相當大的助益。

而且，有些人在面對面時，很難大膽說出自己的觀點，到了線上反而可以侃侃而談，增進組織溝通的深度與流暢性。最重要的是我們有了執行業務時的新選擇。

也可以說，雖然我們受限於疫情無法自由移動，但在工作上反而更能突破疆域限制，跨國的合作、跨時區的溝通都更加便利與順利。可想而知，今後線上化、遠距工作的定位將成為常態。

隨著線上化和遠距工作普及，的確有許多流程

可以簡化或直接刪除，當然也可能產生新的重要流程。無論規模大小，企業應該建立一套能與未來工作模式無縫接軌的業務規則和秩序。

換個方向思考，刪減 30% 不必要的流程，工作的時間立刻就能降低至 70%。再加上聰明運用線上化和遠距工作，優化 30% 的業務生產力，生產力一定可以一舉倍增。

現在正是重新建立工作制度的大好時機，淘汰不符合現狀的工作流程和庶務，利用數位科技加速流程，讓每個人都能從超時的工作狀態解放，將專業投入更重要的項目中。

無需求──宅經濟當道

宅經濟當道，保健食品成硬需當然也有企業因禍得福。例如減少外出帶動的宅經濟，讓電玩產業的銷售成績大幅成長。

　　最知名的例子就是任天堂家用遊戲機 Switch 到處缺貨。2020 年 3 月 20 日任天堂推出的遊戲軟體「集合啦！動物森友會」，才 12 天就在全球熱銷 1,177 萬盒。

　　另一方面，宅配需求反而因為移動限制而激增。日本大和運輸在 2020 年 4 月宅急便運送貨物量，比去年同期成長 13.2%，3 月日本郵局（JP）包裹運送量也成長 16.4%，雙雙寫下二位數成長的紀錄。

　　為了減少外出風險，網購變得更為普及，甚至滲透到過去不習慣使用的消費客層，消費者行為出現明顯變化。

　　此外，食品銷售也居高不下。例如明治控股公司 2020 年度合併淨利，比去年度成長 3%，達 695 億日圓，創歷史新高。其中受到疫情影響，健康意識高漲，機能性優格等商品熱銷的結果。除了宅居

需求和食品以外，新冠疫情也帶來了全新商機。治療藥物、檢查藥劑、疫苗等醫藥領域外，衛生居家遠距工作線上化非接觸監控數據等關鍵字，潛藏著孕育新需求的可能性。

無雇用──工作者與企業透過機會合作，
而非雇用關係

在疫情之後許多企業為了讓資源更彈性的運用，大幅消減人力，反而催化專業型的知識工作者從過去固定的雇用關係解放，有更多機會與不同企業合作，接受更多元的工作內容與挑戰，這也將成為三無世代的工作趨勢。

工作者與企業不再透過制式僱用合約連結，而是因專案、對工作者的特殊專業需求而合作。

另一方面，過去在大企業想要加薪必須要透過升遷管道，未來將漸漸進入職銜無用，專業為王的

知識工作型態。因此,專業導向的知識型工作者將成為主導新世界的人才,這些人擁有豐富的現場經驗,並能打破行業限制,以專業達成跨界合作的目標,也為企業帶來更多機會以及新的商機。

國家圖書館出版品預行編目（CIP）資料

三無世代：無移動、無需求、無雇用，弱肉強食加
速下的未來工作／遠藤 功著；李貞慧譯. -- 第一版.
-- 臺北市：天下雜誌，2021.2
　　240 面；14.8×21 公分. --（天下財經；431）
譯自：コロナ後に生き残る会社　食える仕事
　　　　稼げる働き方
ISBN 978-986-398-654-6（平裝）

訂購天下雜誌圖書的四種辦法：

◎ 天下網路書店線上訂購：shop.cwbook.com.tw
　　會員獨享：
　　1. 購書優惠價
　　2. 便利購書、配送到府服務
　　3. 定期新書資訊、天下雜誌網路群活動通知

◎ 在「書香花園」選購：
　　請至本公司專屬書店「書香花園」選購
　　地址：台北市建國北路二段 6 巷 11 號
　　電話：（02）2506-1635
　　服務時間：週一至週五　上午 8：30 至晚上 9：00

◎ 到書店選購：
　　請到全省各大連鎖書店及數百家書店選購

◎ 函購：
　　請以郵政劃撥、匯票、即期支票或現金袋，到郵局函購
　　天下雜誌劃撥帳戶：01895001 天下雜誌股份有限公司

＊ 優惠辦法：天下雜誌 GROUP 訂戶函購 8 折，一般讀者函購 9 折
＊ 讀者服務專線：（02）2662-0332（週一至週五上午 9：00 至下午 5：30）

三無世代

無移動、無需求、無雇用，弱肉強食加速下的未來工作

コロナ後に生き残る会社 食える仕事 稼げる働き方

作　　者／遠藤 功
譯　　者／李貞慧
封面設計／FE 工作室
內文排版／顏麟驊
責任編輯／賀鈺婷

發行人／殷允芃
出版部總編輯／吳韻儀
出版者／天下雜誌股份有限公司
地　　址／台北市 104 南京東路二段 139 號 11 樓
讀者服務／（02）2662-0332　傳真／（02）2662-6048
天下雜誌 GROUP 網址／ http://www.cw.com.tw
劃撥帳號／ 01895001 天下雜誌股份有限公司
法律顧問／台英國際商務法律事務所・羅明通律師
製版印刷／中原造像股份有限公司
總 經 銷／大和圖書有限公司　電話／（02）8990-2588
出版日期／ 2021 年 2 月 26 日第一版第一次印行
定　　價／ 320 元

書號：BCCF0431P
ISBN：978-986-398-654-6（平裝）

直營門市書香花園
地址／台北市建國北路二段6巷11號　電話／（02）2506-1635
天下網路書店　http://shop.cwbook.com.tw
天下雜誌我讀網　http://books.cw.com.tw/
天下讀者俱樂部　Facebook http://www.facebook.com/cwbookclub

本書如有缺頁、破損、裝訂錯誤，請寄回本公司調換